포스트 코로나, 언택트 시대의 비즈니스 모델

드론 공유 서비스
(Sharing Drone Service)

한대희 著

4차 산업혁명 상징 기술 드론!
촬영, 측량, 재난구조, 방제, 정밀농업에서 모빌리티, PAV, 플라잉카, 드론택시, 드론택배, 미래 도심형 항공 모빌리티(UAM), 드론 항공교통 관제(UTM)까지...,
그리고 킬러드론!

인사말

드론공유서비스(Sharing Drone Service)는 2018년부터 저자가 주장하여 왔으며, 공감하는 드론조종사가 모여 2019년 한국드론조종사협회(KADP, Korea Association of Drone Pilots)와 한국드론조종사협동조합(KFDP, Korea Federation of Drone Pilots)을 각각 설립하고 활동 중이다.

드론공유서비스(Sharing Drone Service)는 드론이 필요할 때면 스마트폰 앱 등을 활용하여 편리하게 호출하고 활용하는 서비스이다.

가령, 어두운 길을 걸으며 불안을 느꼈을 때, 드론을 호출하여 목적지까지 '이동 CCTV(Closed-Circuit Television)'로 활용하는 서비스이다.

부득이한 상황에서 홀로 가는 내 아이의 어린이집 등·하교 길을 드론이 동행하며 실시간 영상으로 확인할 수 있는 서비스이다.

구조대가 접근하기 어려운 재난 상황이 발생하면 드론을 호출하여 조난자의 위치와 상태를 확인하는 서비스이고, 용의자를 추적하는 경찰이 드론을 긴급 호출하는 서비스이다.

전문적인 드론조종사가 필요할 때마다 쉽게 찾아 연결해 주는 서비스이고, 드론 구매 후 사용하지 않는 기간에는 타인에게 임대하고 수수료를 받을 수 있도록 연결하는 서비스이다.

기업 고객의 요구에 따라 드론 비행계획을 수립하며, 드론 기체 및 사용할 센서, 카메라 등을 선정하고, 항공관제 규정의 확인 및 등록, 드론 조종 및 임무수행, 데이터 수집 및 리포트 작성 등을 원스톱으로 제공하는 서비스이다.

만일 갑작스러운 해외 출장으로 인해 공항까지 빨리 이동해야 하는 상황에서 드론택시를 타고 수 십분 안에 이동할 수 있다면 얼마나 유용할까? 드론공유서비스(Sharing Drone Service)는 한국에서 시작하여 글로벌로 진출할 수 있는 유력 비즈니스 모델이다.

최근 한국경제는 제조업 중심의 수출이 부진하고, 성장률이 둔화되는 등 여러 어려움에 직면해 있다. 게다가 COVID-19 팬데믹 여파로 장기 불황의 우려가 크다. 국제노동기구(ILO)는 COVID-19 팬데믹으로 인해 2,500만 개 일자리가 사라질 것으로 전망한 바 있다. 저자는 드론공유서비스(Sharing Drone Service)가 침체된 일자리 상황에 활력을 불어넣고, 글로벌 드론 시장에서 고객들의 삶에 실질적인 도움이 될 수 있기를 희망한다.

이 책을 출판하며 늘 인도하시는 주님께 먼저 감사드린다. 그리고, 곁에서 힘이 되어 주는 이지영 님께 깊은 감사를 전한다. 또한, 항상 응원해 주는 박선기 여사님, 한승민 님, 한혜연 님께도 감사의 마음을 전한다. 한국드론조종사협회(KADP, Korea Association of Drone Pilots)와 한국드론조종사협동조합(KFDP, Korea Federation of Drone Pilots) 회원님들께도 고마운 마음을 전한다. 그리고, 호서대학교 박기호 교수님께도 감사 인사를 전한다. 사랑하는 성찬, 예찬과 훌쩍 커버린 조카들에게는 저자의 도전이 차후 그들의 도전에 벤치마킹 기회가 될 수 있기를 소망한다.

원고를 마무리하며... 드론공유서비스(Sharing Drone Service), 그 설레는 도전을 다시 시작한다. 후회가 남지 않도록!

2020년 4월
저자 한대희

차례

I. 공유경제가 뭔가요? / 8

1. 자본주의 진화와 공유경제의 등장/ 11
2. 공유경제의 부상과 진화/ 13
   1) 현대적 공유경제(Sharing Economy)/ 13
   2) 공유경제의 진화/ 14
3. 공유경제와 4차 산업혁명/ 19
4. 공유경제의 주요 ISSUE/ 21
   1) 플랫폼(Platform) 비즈니스/ 21
   2) 임대(Rental) 비즈니스/ 22
   3) 임시직 경제(Gig Economy)/ 23
   4) 기존 이해관계자와의 충돌/ 24
   5) 시민의식/ 26
   6) 언택트(Untact), 비대면 서비스/ 28

II. 드론이 4차 산업혁명 상징기술이라고요? / 31

1. 지금은 4차 산업혁명 시대/ 32
2. 4차 산업혁명 시대, 드론의 가치/ 38
   1) 드론(Drone)의 가치/ 38
   2) 민간 드론시장 현황/ 44
   3) 모빌리티(Mobility)와 MaaS, 그리고 드론(Drone)/ 54

4) 플라잉카(Flying Car), PAV(Personal Air Vehicle), 드론택시(Drone Taxi)/ 63
   5) 킬러드론(Killer Drone)/ 74
2. 주요 국가별 드론산업 현황(민간부문 중심)
   1) 미국/ 84					2) 중국/ 96
   3) 일본, 독일, 러시아/ 108		4) 한국/ 115

Ⅲ. 드론공유서비스 / 117

1. 드론공유서비스 소개/ 120
2. 드론공유서비스 핵심 가치 (sDaaS)/ 125
3. 드론공유서비스 핵심 사업 모델 (PRED)/ 135
   1) 플랫폼(Platform) 서비스/ 135
   2) 임대(Rental) 서비스/ 148
   3) 교육(Education) 서비스/ 153
   4) Daas(Drone as a Service)/ 158
4. 드론공유서비스 출범 과제/ 161

※ 부록 / 175

1. 취미용 드론을 시작해 볼까요?/ 178
2. 드론조종사 준수사항/ 183
3. 핵심 용어 해설/ 186
참고문헌/ 200

1. 공유경제가 뭐죠?

1. 공유경제가 뭐죠?

밤낮없이 꽉 막힌 도로에서 자가용을 운전해 본 경험이 있는가? 교통체증이 일상화된 도심에서 자가용을 운전하다 보면 "자가용이 정말 필요한 것일까?"를 자문할 때가 있다. 힘들게 도착한 목적지에서 주차할 장소를 찾지 못해 거리를 헤매다 보면, 이미 지쳐 있는 자신을 발견할 수 있다.

" 차라리 대중교통이나 승차 공유 서비스를 이용할 걸… "

【출처: 위키미디어 커먼스 (저작자:B137 / CC BY-SA)】

어린 자녀를 키우다 보면 그때그때 필요한 의류나 도서, 장난감 등이 제법 많다. 그런데 나날이 성장하는 자녀의 경우, 작년에 구매한 옷은 작아서 못 입고, 몇 번 읽은 책은 손대지 않아 자리만 차지하는 경우가 다반사다. 가정마다 자녀가 많은 것도 아니고, 의류나 도서, 장난감 등의 품질도 좋아져 그냥 버리기에는 무척 아깝다.

만약 자리만 차지하고 있는 의류나 도서, 장난감 등을 깨끗하게 정돈하여 필요한 가정에 보내고, 다른 가정에서 안전하게 살균하여 보내온 물품으로 내 자녀가 사용할 수 있다면 꽤나 유용할 것이다. 자원 재활용을 통해 환경 문제 개선에 기여하고, 생활비도 절약할 수 있다.

서울시에 거주하며 제주 여행을 계획하는 이가 많을 것이다. 제주도에 거주하며 서울 출장을 계획하는 이도 있을 것이다. 각자 호텔이나 게스트하우스 등의 숙박 시설을 이용할 수 있지만, 일정이나 조건이 맞아 서로의 빈집을 일정 부분 공유할 수 있다면 숙박 공유를 체험하면서 여행비용도 절감할 수 있다. 깨알 같은 단골 맛집 정보까지 공유할 수 있다면, 충분히 도전해 볼 만하다.

가끔 도서관을 이용하는가? 저자도 종종 이용하는 도서관은 혼자 구입하기 어려운 수많은 책을 모아, 필요한 사람들이 그때그때 열람할 수 있도록 관리하는 매우 유용한 시설이다. 사실 도서관은 오래된 공유 모델이다.

한국 정부 관계부처 합동으로 발표한 「공유경제 활성화 방안」에 따르면, 공유경제(Sharing Economy)란 '플랫폼 등을 활용하여 자산·서비스를 타인과 공유하여 사용함으로써 효율성을 제고하는 경제 모델'이다. 최근 1인 가구의 증가, 합리적 소비의 확산 등으로 소비 패러다임이 '소유'에서 '공유'로 전환되면서 공유경제가 이 시대의 주요 화두로 등장하고 있다. 스마트폰 등을 통해 개인간 실시간 거래환경이 조성되며 교통·숙박은 물론 다양한 분야에서 공유경제가 확산되고 있다.

세계적인 시사 주간지 『TIME』은 이미 2011년에 '세상을 바꿀 수 있는 10가지 아이디어'로 '공유경제'를 선정했으며, 전통적인 상업경제에서 발생하는 각종 문제와 위기상황을 보완할 중요한 방법으로 '공유경제'를 주목해 왔다. 소비자들이 이전보다 적은 비용으로 필요한 유휴 자원을 사용할 수 있고, 사회 전체적으로는 필요 이상 넘치게 생산된 후 버려져 발생하는 환경문제를 개선하는 효과를 기대할 수 있다. 세계 공유경제 시장은 2022년 402억 달러(USD $40.2B) 수준으로 성장할 전망이다.

최초의 공공 도서관-미국 볼티모어 도서관
【<출처: 위키미디어 커먼스 (저작자:Arild Vagen / CC BY-SA)>】

1. 자본주의 진화와 공유경제의 등장

공유경제에 대해 본격적으로 살펴보기 전에, 공유경제가 부상한 배경에 대해 잠시 살펴보고자 한다. 여러 학자 중 제러미 리프킨(Jeremy Rifkin)은 저서 『한계비용 제로사회』에서 자본주의와 공유경제의 인과성(Causality, 因果性)을 주장한다. 그는 자본주의 시스템이 근본적으로 생산성을 높여, 생산 비용을 줄이고 제품이나 서비스의 가격을 낮추어 소비자를 유혹한다고 말한다. 예를 들어 동네 제과점 경쟁이 심해지면 단팥빵의 맛을 높이기 위해 경쟁하는 한편, 생산성을 높여 제품 가격을 낮추고 소비자를 유인하기 위해 경쟁한다. 생산성을 높이기 위해 새로운 설비도 들이고, 재료 구매 방법을 최적화하며 불필요한 비용을 최소화하는 것이다.

여기서 잠깐, '한계비용(Marginal Cost, 限界費用)'이라는 용어의 이해가 필요하다. '한계비용'은 '제품이나 서비스의 한 단위를 추가로 생산할 때 필요한 총비용의 증가분'이다. 즉 동네 제과점에서 단팥빵 1개를 만드는 비용이 1,000원, 단팥빵 2개를 만드는 비용이 총 1,900원이라고 가정하면, 단팥빵 1개를 만드는 평균비용은 950원이고 단팥빵 2개째를 만드는 추가비용은 900원이다. 이때, 한계비용은 얼마일까? 그렇다. 한계비용은 900원이다. 2개째의 단팥빵 하나를 추가로 만든 비용은 900원이다.

제러미 리프킨은 사물인터넷(IoT, Internet of Things)이 발달한 기술집약적인 환경에서는 극단적 생산성 증진으로 한계비용이 0원에 가깝게, 제품과 서비스도 무료에 가깝게 만들어진다고 주장한다. 사물인터넷(IoT)은 글로벌 네트워크에 모든 사람과 사물을 연결하고, 사람과 기계, 천연자원, 물류, 소비 습관 등의 거의 모든 측면이 센서

와 소프트웨어를 통해 연결되어, 엄청난 양의 빅데이터를 제공한다. 이는 빅데이터 분석을 통해 자동화 시스템에 입력되고 생산 및 유통 등 모든 영역에서 한계비용을 0원에 가깝게 낮춘다는 것이다.

기업은 빅데이터 분석을 통해 실제 소비자의 구매 습관과 재고 현황을 사전에 파악하고 자동화 설비 등을 활용하여 필요한 만큼의 제품이나 서비스를 만들고, 적기에 공급한다. 원재료 구매비용이나 재고 관리 비용, 중간 유통 등의 물류비용 등은 최적화되어 극단적 생산성 증진이 실현되는 것이다. 그러다 보면 한계비용이 0원에 가까워지는데, 문제는 기업의 이윤마저 점차 고갈된다는 것이다. 기업의 이윤이 임계치(臨界値)를 넘어 고갈되면 소유물을 교환하는 시장이 사실상 문을 닫고, 결국에는 자본주의 시스템이 종료된다는 것이 그의 주장이다. 제러미 리프킨은 아이러니하게도 극단적 생산성 증진으로 자본주의는 스스로 쇠퇴하고, 공유사회(Commons)가 도래할 것이라고 주장한다.(가능하면 제러미 리프킨의 저서를 직접 참고하기 바란다.)

"극단적인 생산성 증진으로 자본주의가 스스로 쇠퇴하고 결국 공유사회가 도래할 것" 이라는 제러미 리프킨의 주장에 동의하는가? 일부 산업이 아닌 자본주의 자체의 쇠락으로 이어질 것이라는 그의 주장에 동의하는가? 물론, 동의 여부는 각자의 몫이다. 다만 전 세계적인 수요둔화에 반해 사물인터넷(IoT) 등 ICT(Information and Communication Technologies) 기술의 발달로 생산성 증진이 빠르게 실현되어 가고, 기업의 구조조정 지연 등으로 인해 더욱 심화되어 가는 글로벌 공급과잉을 목도(目睹)하면서, 공유경제의 부상 배경을 이해하는 데에 제러미 리프킨의 주장이 참고가 되리라 생각한다.

2. 공유경제의 부상과 진화

1) 현대적 공유경제(Sharing Economy)

오래전부터 혈연이나 지역공동체 내부의 시혜적 선물 교환에서 발견되던 공유경제는 인터넷의 발달과 함께 뜻밖의(?) 성과를 만들어 왔다. 예를 들어 위키피디아는 누군가 이미 쓴 글을 지우고 고치는 과정에서 기존의 백과사전 못지않은 방대한 지식을 만들어 가고, 이렇게 만들어진 정보는 누군가 소유하는 대신 공유한다. 한국의 네이버 지식iN의 경우에도 사용자 간의 질문과 대답 과정에서 수많은 지식이 쌓여 가는데, 위키피디아와 유사한 성격이 있다.

현대적 공유경제는 1984년 하버드대의 마틴 와이츠먼(Martin Wietzman) 교수가 '공유경제 : 불황을 정복하다' 라는 논문을 내면서 처음 용어가 등장했으며, 2008년 미국발 경제 위기 이후 로렌스 레식(Lawrence Lessig) 하버드대 법대 교수가 자신의 저서 『리믹스(Remix)』에서 사용하면서부터 대중적으로 알려졌다. 로렌스 레식 교수는 제품과 서비스의 반대급부로 화폐가 교환되는 상업경제(Commercial Economy)에 대비되는 개념으로 화폐 대신 인간관계나 자기만족감이 교환의 매개가 되는 공유경제(Sharing Economy)를 제시했다.

현대적으로 정립된 초기 공유경제의 특징은 교환이 이루어지지만 교환의 매개로 화폐를 사용하지 않으며, 교환의 동기가 자기 만족감이거나, 이타성 등이다.

2) 공유경제의 진화

현대적으로 정립된 공유경제는 실제 기업의 서비스가 등장하고 대중화가 이루어지며 개념의 진화가 이루어진다. 진화가 이루어질 때면 으레 그렇듯이 새로운 용어도 등장하는데, 관련하여 정리해 보자.

◉ 초기 개념을 넘어 상업적인 분야로 전이

대표적으로 우버(Uber), 에어비앤비(Airbnb) 등의 기업이 등장하면서, 직접 서비스를 공급하지 않고 플랫폼을 통해 공급자와 사용자를 연결해 주는 '중개·알선 서비스'가 '공유경제 비즈니스'의 대표적 사례로 통용되게 되었다. 시각에 따라 그저 스마트폰 플랫폼을 사용할 뿐인 임대(Rental)사업이 '공유경제 관련 산업'으로 지칭되는 등 공유경제 개념이 혼용되기 시작한 것이다. 이미 공유경제와 관련한 많은 저술에서 문제 제기가 있었는데, 우버(Uber), 에어비앤비(Airbnb) 등은 그저 '중개·알선 서비스'이지 '공유경제 비즈니스'가 아니라는 주장이다. 그러나 상업적으로 사용되기 시작한 공유경제 개념은 널리 보급되었고, 지금은 오히려 혼용된 공유경제 개념을 일반적으로 사용하는 편이다.

현재 일반적으로 사용되는 공유경제는 초기 로렌스 레식 교수가 정립한 '금전적 대가가 수반되지 않는 교환'을 넘어, '남에게 대여·제공함으로써 경제적 효용을 얻는 상업적 개념'으로 전이되었다.

◉ 협력적 소비(Collaborative Consumption), P2P경제(Peer-to-Peer Economy), 온디맨드(On-demand, 수요응답형) 경제, 접근경제(Access Ecomomy) 등장

협력적 소비(Collaborative Consumption)는 자신이 소유한 기술이나 재산을 타인과 공유하면서 가치를 창출하는 것이다. 완전한 소유가 아닌 정해진 기간만 사용을 선택하는 것이다.

레이첼 보츠만(Rachel Botsman)이 그의 저서 『We Generation』에서 협력적 소비의 필요성과 다양한 사례를 소개함으로써 협력적 소비에 대한 논의가 활발해졌다. 대표적인 숙박공유서비스 기업인 에어비앤비(Airbnb)에 회원으로 가입하면 나의 집을 공유할 수 있고 다른 회원들의 집을 잠시 이용할 수도 있다. 이용자는 주로 여행자들인데, 이들은 호텔보다 훨씬 저렴한 가격으로 숙박을 해결할 수 있을 뿐만 아니라 현지 사람의 실제 거주지에서 체류해보는 색다른 경험을 만끽할 수도 있다. 집을 공유하는 사람은 마치 호텔처럼 집을 운용하며 수입을 올릴 수 있다.

【<출처: 위키미디어 커먼스 (저작자:Raysonho @ Open Grid Scheduler / Scalable Grid Engine / CC0)>】

P2P경제(Peer-to-Peer Economy)는 개인 간에 자산 교환을 당사자들이 직접 할 수 있도록 구매자와 판매자를 연결하는 것이다. 예를 들어 대표적인 승차공유 기업인 우버(Uber)는 초기에 택시 서비스를 원하는 승객들과 운전기사를 연결했는데, 스마트폰 앱을 클릭하면 승객과 운전기사를 연결해 주는 허브 역할을 수행했다. 우버(Uber)는 2009년 트레비스 캘러닉이 창업했으며, 2010년 6월 미국 샌프란시스코에서 처음 서비스를 시작했다. 성장을 거듭하여 2015년에는 이미 세계 30여 도시에 진출하였다.

온디맨드(On-demand, 수요응답형) 경제는 주문과 동시에 배달 또는 전달하는 시스템이다. IBM CEO이었던 새뮤얼 팔미사노(Samuel J. Palmisano)가 수요자 중심의 사업을 설명하며 처음으로 언급하였고, 현재는 기술의 진보와 인구구조 및 노동시장의 변화, 소비자 행동 진화에 대응하여 다양한 방식으로 고객의 수요를 충족시키는 비즈니스로 정의할 수 있다.

우버(Uber), 에어비앤비(Airbnb) 등의 서비스가 초기에는 '공유'에 초점을 뒀으나 점차 '수요가 있다면 무엇이든 제공한다'는 온디맨드(On-demand, 수요응답형) 전략으로 바뀌었고, 온디맨드(On-demand, 수요응답형) 서비스를 내세운 기업들이 더 늘어나면서 현재의 시장경제에서 '온디맨드(On-demand, 수요응답형) 경제'가 주목받게 되었다. 2019년 12월, 한국 인천시 영종국제도시에서는 'I-MOD(Incheon-Mobility On Demand)' 시범서비스가 운영된 바 있는데, I-MOD는 정해진 노선 없이 승객이 호출하면 실시간으로 가장 빠른 경로가 생성되고 배차가 이뤄지는 온디맨드(On-demand, 수요응답형) 서비스의 일환이다. '온디맨드(On-demand, 수요응답형) 경제'가 빠르게 확산하면서, 임시직을 섭외해 일을 맡기는 '임시직 경제(Gig Economy)'가 새로운 고용형태로 부상하였고, 이는 또 다른 사회 문제로 대두되고 있다.

접근경제(Access Ecomomy)는 소유보다는 접근(사용)에 기반하여 제품과 용역이 거래되는 비즈니스 모델이다. 유휴 자원을 제품이나 가격에 기반을 두고 교환하는 것이 아니라 관계나 가치에 기반을 두어 교환하는 것이라는 초기 개념과 구분하기 위해 사용된 용어이다. 2015년 Harvard Business Review는 우버(Uber), 에어비앤비(Airbnb) 등과 같은 기업들이 공유와는 관련 없는 단순히 이윤을 추구하는 기업들이라 주장하며 이를 지칭하기 위해 사용한 용어이다.

이상으로 공유경제 초기 개념 및 진화 등에 대해 정리했다. 본서에서 공유경제(Sharing Economy)는 가치와 관계를 공유하는 공유사회(Commons)로부터 비즈니스와 가격에 중점을 두는 접근 경제(Access Economy)까지 포괄하는 개념으로 사용한다.

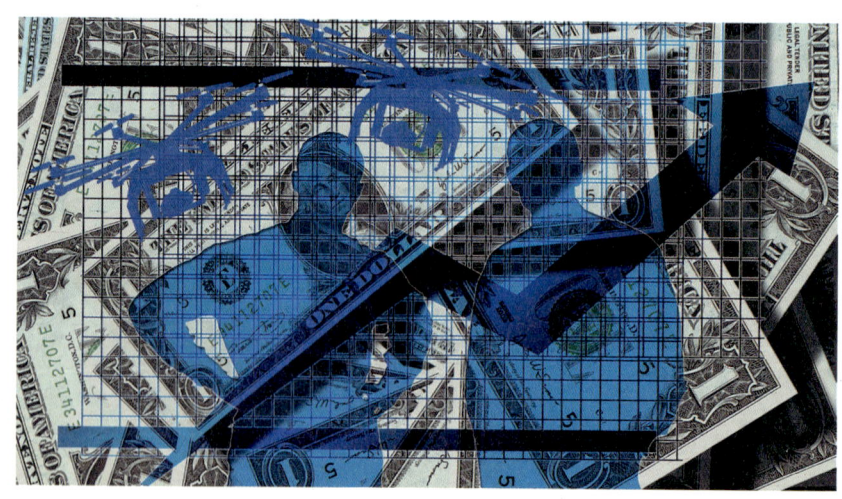

3. 공유경제와 4차 산업혁명

2016년 세계경제포럼(WEF, World Economic Forum)은 4차 산업혁명이 가져올 변화로 공유경제(Sharing Economic)의 부상을 전망하였다. 수요와 공급을 연결하는 플랫폼 비즈니스 기반 기술의 발전으로 공유경제가 부상한다는 것이었다. 2016년이면 나름 시간이 흘렀고, 그간 4차 산업혁명은 놀라운 변화와 그 필요성을 대변하는 고유명사가 되었으며 공유경제 관련 다양한 시도와 결과, 성과와 갈등은 사회에 축적되고 있다.

먼저 산업혁명에 대해 간략하게 정리해 보자. 1차 산업혁명(1784년)은 증기기관, 철도, 면사방적기와 같은 기계적 혁명, 2차 산업혁명(1870년)은 조립 라인과 전기를 통한 대량생산체계 구축에 큰 의미가 있다. 3차 산업혁명(1969년)은 인터넷이 이끈 컴퓨터 정보화 및 자동화 생산시스템, 정보기술 시대의 개막에 의미가 있고, 4차 산업혁명은 인공지능(AI), 사물인터넷(IoT), 로봇기술, 무인자동차, 생명과학, 빅데이터, 블록체인 등이 사회 전빈에 융합되어 혁신적인 변화로 나타나는 것에 의미가 있다.

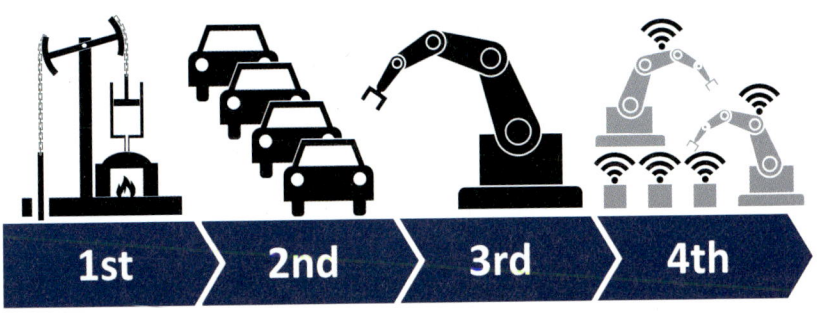

4차 산업혁명 시대에 공유경제가 부상하는 것은 모바일, 플랫폼, 핀테크 등 ICT(Information and Communication Technologies) 기술의 발전으로 이전에 혈연이나 소지역 단위에서 누리던 생활 속 공유가 놀라울 만큼 확장 가능해졌기 때문이다. 이전에는 혈연이나 특별한 관계에서만 가능했던 숙박공유가 이제는 에어비앤비(Airbnb) 등을 활용하면 이용자 측면에서 세계를 여행하며 편리하게 활용할 수 있고, 공급자 측면에서는 나의 집을 국내는 물론 해외 이용자를 대상으로 마치 숙박 시설처럼 제공할 기회를 얻게 된 것이다.

　오프라인 경제 규모의 5% 미만이었던 공유경제는 이제 4차 산업혁명 시대에 들어 신생 거대 벤처의 60%가 공유경제와 관련된 기업일 만큼 확장되고 있다. 제품 및 데이터와 서비스가 융합하는 4차 산업혁명에서 공유경제는 더욱 경쟁력 있는 비즈니스로 발전할 전망이다.

4. 공유경제의 주요 ISSUE

공유경제가 급속하게 확장되면서 여러 이슈(Issue)가 등장하고 있는데, 주요한 이슈 중심으로 살펴보자.

1) 플랫폼(Platform) 비즈니스

플랫폼 비즈니스는 사업자(공급자)가 네트워크를 구축하여 소비자가 시간과 공간의 제약을 받지 않고 참여할 수 있도록 하는 사업형태를 말한다. 비즈니스 측면에서의 공유경제는 P2P 또는 온디맨드(On-demand, 수요응답형) 경제의 형태로 구현되고 있으며, 이는 플랫폼 비즈니스 전략과 매우 밀접한 관계가 있다. 플랫폼 비즈니스 전략은 물품이나 서비스를 제공하는 공급자와 이를 사용하는 수요자로 구분되는 양면시장을 활용하는데, 우버(Uber), 에어비앤비(Airbnb) 등이 대표적인 기업이다. 플랫폼 비즈니스는 공급자와 수요자를 중개하는 역할을 수행하는 과정에서 수익을 창출한다. 플랫폼 비즈니스는 확장성이 매우 큰 특징이 있으며, 고도의 운영 전략이 필요하다. 기존 시장과의 충돌 가능성이 존재하며 수요자와 공급자를 유인할 킬러콘텐츠(Killer Contents, 경쟁자를 몰아낼 핵심 콘텐츠)나 킬러서비스(Killer Service, 경쟁자를 몰아낼 핵심 서비스) 등의 노하우가 필요하다.

2) 임대(Rental) 비즈니스

　　수요자 시각에서 보면 공유(Sharing)와 임대(Rental) 모두 공유재를 빌려 사용한다는 점에서는 유사한 서비스이다. 차이는 보유하고 있는 자산 중 잉여자산에 대해 필요한 사람에게 빌려주는 것이 공유이고, 애초에 다른 사람에게 자산을 빌려주고 이에 대한 대가를 받을 목적으로 자산을 대량으로 구입하여 추진하는 것이 임대 비즈니스이다. 임대 비즈니스는 공급자와 서비스 운영자가 동일한 조직으로 사용자에게 재화나 서비스를 운영하는 단면시장 형태이다. 대여를 목적으로 자산을 구매하고 그것을 통해 수익을 얻는 측면에서 '쏘카'나 서울시 자전거 '따릉이' 등이 임대 비즈니스의 예라고 할 수 있다.

3) 임시직 경제(Gig Economy)

임시직 경제(Gig Economy)는 기업들이 필요에 따라 단기 계약직이나 임시직으로 인력을 충원하고 대가를 지불하는 형태의 경제를 의미한다. 긱(Gig)이란 단어에는 단기 또는 하룻밤 계약으로 연주한다는 뜻이 있는데, 1920년대 미국 재즈 공연장 주변에서 필요에 따라 연주자를 섭외해 단기로 공연한 데서 유래되었다.

【1921년의 Gig 재즈 오케스트라(Jazzing orchestra. 1921)
<출처: 위키미디어 커먼스>】

임시직 경제는 노동·지식 서비스 플랫폼에서 많이 나타나며 초기에는 '긱(Gig) 근로자'와 이들을 필요로 하는 서비스 운영자가 협력하지만, 점차 비정규직 증가, 고용의 질 저하, 임금 상승 둔화 등 긱(Gig) 근로자 관련 사회 문제가 증폭되곤 한다. 실제 우버(Uber) 등

승차 공유 업체들이 인건비 절약을 위해 근로자를 착취하는 것이라는 비판이 제기되고, 미국 주요 도시는 물론 영국 등지에서 처우 개선을 요구하는 시위가 벌어지기도 하였다. 관련하여 2020년, 미국 캘리포니아주에서 시행하는 'AB5' 법안은 우버(Uber) 기사들을 정직원으로 채용해 각종 수당과 복지 혜택을 제공해야 하는 내용을 담고 있다. 우버(Uber)를 비롯한 승차 공유 업체들이 이러한 변화에 얼마나 잘 대처할 수 있을지가 관심이다. 2018년 기준 우버(Uber)의 연 매출은 113억 달러(USD $11.3B)에 이르지만 대략 30억 달러(USD $3B)의 영업 손실을 본 것으로 알려져 있다.

4) 기존 이해관계자와의 충돌

기억하는가? 2018년 12월 한국에서는 '카카오 카풀'을 반대하는 택시기사의 분신 사망사고, 2019년 5월에는 '타다' 반대를 외치던 택시기사의 분신 사망사고 등 안타까운 소식이 연이어 들려왔다. 승차공유 서비스가 시도되면서 사회적 갈등 및 긴장감이 높아진 것이다. 그때마다 사회적대타협기구가 출범하는 등 대화와 타협이 요구되곤 하지만 결과는 아쉬운 편이다.

승차공유 서비스가 등장하면서 기존 산업인 택시업계와 갈등을 빚는 현상이 비단 한국에서만 발생하는 것은 아니다. 앞서 언급한 바와 같이, 2018년 미국에서도 우버(Uber)와 택시업계 간의 극심한 갈등이 이어지면서 생활고를 이기지 못한 택시기사가 목숨을 끊는 사고가 연이어 발생하였고, 스페인의 경우 2018년 여름에 우버를 반대하는 택시기사들의 대규모 시위가 과격하게 진행되자, 결국 주정부가 우버의 영업을 제한하였다. 그리스에서는 택시기사들의 격렬한 시위가 벌어지자 정부가 우버에 대한 규제를 시작하여, 우버가 그리스 진출 4년 만에 일부 영업 중단을 선언하기도 했다. 우버(Uber)가 전 세계로 사업을 확장한 뒤 세계 곳곳에서 택시업계와 충돌했다.

【우버(Uber)에 대한 항의 시위 <출처: 위키미디어 커먼즈 (저작자:Elekes Andor / CC BY-SA)>】

택시업계 등 유관 업계와의 충돌이 이어지자 승차공유 업체인 리프트(Lyft)는 미국 샌프란시스코와 로스앤젤레스에서 렌터카 형식의 차량임대서비스를 시작했고, 제너럴모터스(GM)의 차량공유서비스 메이븐은 출시 1년도 안 되어 사업축소를 결정하기도 하였다. 포드 역시 지난 2019년 1월 출·퇴근 버스공유서비스인 채리엇의 중단을 선언했다.

　　카카오모빌리티의 경우 카풀 등이 좌초되자 아예 한국 최대의 택시회사로 변신을 시도하고, 2020년 3월 '여객자동차 운수사업법 일부개정법률안' 이 한국 국회를 통과하자 '타다'는 베이직 서비스 중단을 선언한 바 있다.

5) 시민의식

　　승장구하던 중국의 자전거 공유 업계가 2018년부터 주요 업체들의 파산이 이어지면서 몰락 위기를 맞았다. 중국 최대의 자전거 공유 업체였던 오포(Ofo)는 2014년에 창업해서, 2017년 말 기준 전 세계 2억 명 이상의 회원을 확보하였다. 중국 내 실사용자가 무려 2천만 명 이상이었고, 한때 기업 가치가 30억 달러(USD $3B)까지 올랐다. 오포는 회원 가입 시기에 따라 자전거 보증금으로 고객당 99~199위안을 접수하고, 회원 탈퇴 신청을 하면 2주 내 보증금을 환불하는 시스템이었다. 그런데 관리비용과 감가상각비가 급증하고, 파산설이 본격적으로 대두되자 고객들의 보증금 환불 요구가 일시에 급증하며 결국엔 파산을 선언하였다.

　　돌아보면 중국의 자전거 공유 사업은 2017년 9월, 중국 정부가 자전거 부착 광고를 금지하면서 큰 타격을 받았는데, 오포 역시 자전거 한 대당 160위안을 받았던 광고 사업을 접어야 했다. 오포의 자전거 사용 가격은 1시간당 1위안으로 저렴한 편이었고, 광고 사업을 하지 못하면 유료 회원을 늘려도 수익이 제대로 나오지 않는 구조였다.

더불어 성숙하지 못한 시민의식으로 인해 높은 관리비용이 지출된 것이 주요 몰락원인으로 꼽힌다. 중국 자전거 공유 시장이 폭발적으로 성장했지만, 정작 공유재 사용 문화와 시민의식은 성장하지 못하였다. 공유재 자전거를 부주의하게 사용하거나, 개인 소유화하는 경우가 늘면서 관리비용이 급증하였고, 고장 난 자전거가 증가하며 일반 이용자들도 자전거를 소홀히 여기거나 불편함이 누적되어 이용을 외면하기 시작한 것이다.

【오포(Ofo) 자전거<출처: 위키미디어 커먼스 (저작자:MasaneMiyaPA / CC BY-SA)>】

일부 이용자들은 아예 개인 자물쇠를 채워 놓거나 집에 가져다 놓고, QR 코드를 떼어버리는 등 각종 방법을 통해 공유재 자전거를 사유화하려는 시도가 포착되었다고 한다. 심지어 공유재 자전거가 무단 개인 광고 스티커로 도배되기도 하였다. 유지·보수 인력들이 배치되었지만, 늘어나는 사용자의 이동 경로를 쫓아다닐 수도 없고, 수리 등의 관리비용이 높아지며 차라리 새 자전거로 교환하는 것이 회사 입장에서 유리한 상황이 전개되었다.

미성숙한 시민의식으로 인해 발생하는 문제는 비단 자전거 공유 사례에 국한되지 않는다. 에어비앤비(Airbnb)를 통해 일반 주거 구역에 관광객들이 들어오면서 소음은 물론 카페트와 침대에 오물을 남긴 채 떠나는 경우부터, 하룻밤 파티 장소로 사용하는 사람들까지 도를 넘는 행동이 다수 발생한다고 한다. 또한, 폭행, 몰카 등 관광객 대상 범죄도 다수 발생하고 있다. 이는 한국이나 미국, 독일, 스페인, 일본 등 관광객들이 많이 찾는 국가와 도시마다 발생하는 문제이다.

6) 언택트(Untact), 비대면 서비스

2019년 12월, 중국 우한에서 발생한 호흡기 감염질환 '코로나바이러스감염증-19'(corona virus disease 19): 이하 COVID-19)가 전 세계로 확산되며, 세계보건기구(WHO)는 홍콩독감(1968), 신종플루(2009)에 이어 사상 세 번째 팬데믹(Pandemic, 세계적 대유행)을 선포한 바 있다. 각국 의료진을 중심으로 COVID-19 극복을 위해 총력을 기울였는데, 이동을 전제로 하는 항공·여행·호텔·외식 업종 등이 먼저 직격탄을 맞았다. 우버(Uber), 리프트(Lyft), 에어비앤비(Airbnb) 등의 공유경제 기업들도 이를 피하지 못하였는데, 우버(Uber)는 전체 직원의 약 14%에 달하는 3,700명의 직원을 해고하고, 리프트(Lyft) 역시 전 직원의 17%에 해당하는 982명의 직원을 해고하는 한편, 직원 288명에 대해 무급휴직 및 급여 삭감에 나섰다. 에어비앤비(Airbnb)는 전 직원의 약 25%인 1,900여 명을 해고하였다.

【COVID-19 팬데믹으로 탑승자가 거의 없는 상태에서 운행하는 항공기 내부<출처: 위키미디어 커먼스 (저작자:Mx. Granger / CC0)>】

저자는 COVID-19 팬데믹을 극복하는 과정에서 세계가 ICT(Information and Communication Technologies) 기술과 그 효과를 체험했음에 주목한다. 한동안 오프라인 활동이 온라인으로 대체되면서 집에서 업무를 보고, 화상으로 회의하며, 원격 강의와 학습을 경험하였다. 신기술이 미칠 부작용을 논의하느라 미뤄두었던 일들이 COVID-19 팬데믹을 극복하는 과정에서 일순간 현실이 돼버렸다. 온라인 쇼핑몰 이용이 늘어난 것은 물론 택배기사는 소비자의 주소지 문밖에서 벨을 누르는 데서 배송업무가 끝이 났다. 고객에게 물건을 직접 전달하기보다는 수령지 문 앞에 물건을 놓고 가는 비대면 배송을 본격화한 것이다. 다른 사람과 접촉하지 않고 이뤄지는 언택트(Untact) 비대면 서비스가 COVID-19

를 만나며 급물살을 타기 시작했다.

'언택트(Untact)'란 접촉을 의미하는 'contact'에 부정의 의미인 'Un'을 합성한 표현으로, 기술의 발전을 통해 접촉 없이 물건을 구매하는 등의 새로운 소비 경향을 말한다.

언택트(Untact) 비대면 서비스가 주목받으며, 사람이 하던 일을 기계가 대신하는 경우도 많아질 것으로 전망된다. 실제 아마존(Amazon)은 수많은 드론과 로봇들이 물류창고에서 활약하고 있는데, 조만간 드론 택배의 현실화 가능성을 엿볼 수 있다. 아마존(Amazon)은 이미 2019년 6월에 배송용 자율비행 드론의 최신 모델을 공개하며 "수개월 안에 드론이 소비자들에게 상품을 배달할 것"이라고 밝힌 바 있다.

COVID-19 팬데믹으로 인해 타격을 입었던 공유경제의 주요 기업들이 한결 익숙해진 ICT기술을 어떻게 활용하고 기회로 만들어 갈 수 있을지 관심이다.

II. 드론이 4차 산업혁명 상징기술이라고요?

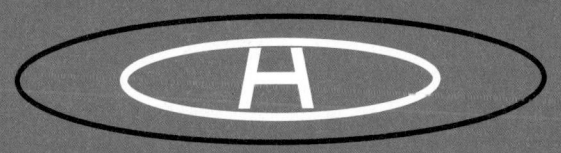

Ⅱ. 드론이 4차 산업혁명 상징기술이라고요?

1. 지금은 4차 산업혁명 시대

사람마다 특별하게 기억하는 날이 있다. 가령 생일이나 기념일 등이 그렇다. 더불어 공휴일로 지정된 기념일까지는 아니더라도 '시대'가 기억하는 날이 있다.

혹시 2016년 3월 13일을 기억하는가?

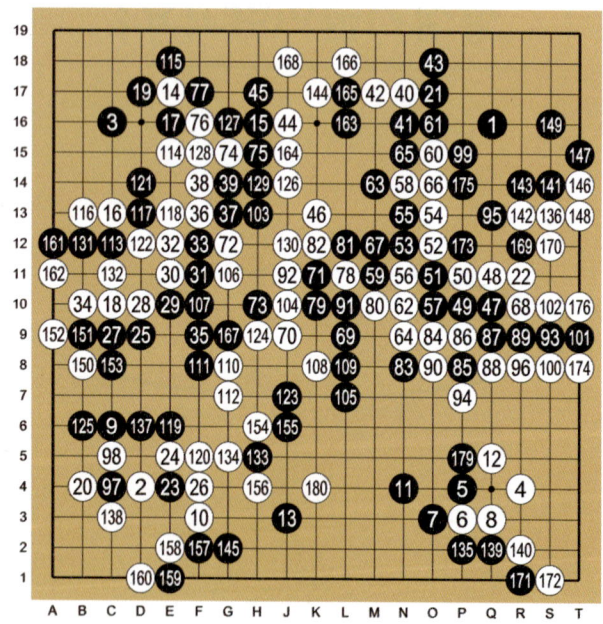

【이세돌 9단(하얀 돌)과 알파고(검은 돌) 4번기 대국 결과
<출처: 위키미디어 커먼스 (저작자:Wesalius / CC BY-SA)>】

그렇다. 이세돌 9단이 알파고(AlphaGo)와의 대국에서 1승을 거둔 날이다.

알파고(AlphaGo)는 구글(Google)의 인공지능(AI) 전문 자회사인 '구글 딥마인드(DeepMind)'가 개발한 컴퓨터 바둑 프로그램이다. 알파고(AlphaGo)는 구글(Google)의 지주회사 이름인 알파벳(Alphabet), 그리스 문자의 첫 번째 글자로 최고를 의미하는 알파α와 바둑碁의 일본어 발음에서 유래한 영어 단어 'Go'의 합성어이다.

사실 이 대국에서 이세돌 9단은 1승 4패로 패하였다. 그러나 알파고(AlphaGo)가 세계 최고 수준의 프로 바둑기사인 이세돌 9단과의 5번기 공개 대국을 발표하였을 때, 상당수 바둑 전문가들은 이세돌 9단의 완승을 예상했다. 이전까지 바둑은 인공지능(AI, Artificial Intelligence)이 인간을 넘어서기 어려운 영역이었다. 체스의 경우, 1997년에 IBM이 개발한 슈퍼컴퓨터 '딥블루(Deep Blue)'가 체스 세계 챔피언 '가리 카스파로프'에 승리하였으나, 이후 20여 년이 지나는 동안 바둑은 난공불락이었다. 그러나 예상을 깨고 알파고(AlphaGo)는 4승 1패로 승리하였다. 오히려 이날 이세돌 9단의 1승은 알파고의 유일한 패배기록으로 남았다. 이 대국으로 한국 사회는 막연하던 인공지능(AI)의 급성장을 체감할 수 있었고, 제4차 산업혁명 시대는 상징적으로 공표되었다.

4차 산업혁명 시대! 인공지능(AI), 사물인터넷(IoT), 로봇기술, 무인자동차, 생명과학, 빅데이터, 블록체인 등이 사회 전반에 융합되어 혁신적인 변화로 나타나는 기술혁명을 4차 산업혁명이라 말한다.

2016년 세계경제포럼(WEF)에서 언급된 이후로 우리 사회 전반에 큰 영향을 미치고 있다.

특별히 일자리 측면에서 4차 산업혁명은 위기이자 기회이다. 변혁의 시기에 물자와 사람 등의 이동성이 높아지면서 자연스럽게 글로벌 산업경쟁이 가속화된다. 국내 산업이 경쟁력을 잃어버리면 양질의 국내 일자리도 잃어버린다. 인공지능(AI)에 따른 업무 대체를 걱정하기에 앞서, 해외 기업의 경쟁력 상승에 따라 국내 기업의 도산, 그리고 이어지는 국내의 일자리 상실을 염려해야 하는 일이 벌어질 수 있다. 기업은 물론 개인도 국내시장의 틀 안에서 이전의 성공 규칙에 안주하다가는 어느 순간 위기와 직면할 수 있는 것이다.

2011년까지 전 세계 휴대폰 시장점유율 1위 자리를 지켰던 노키아(Nokia)의 사례를 기억해 보자. 노키아(Nokia)는 1998년부터 13년간이나 세계 휴대폰 시장점유율 1위를 차지했던 기업이다. 그러나 애플(Apple)의 아이폰이 출시될 당시 "이해하기 힘든 제품이다."라고 평한 후, 기존 휴대폰 생산에 집중하였다. 스마트폰 중심으로 재편되는 모바일 시장의 흐름에 제대로 대응하지 못하고, 이전의 성공방식에 안주한 것이다. 그 결과, 노키아

(Nokia)는 2012년에 무려 1만여 명의 직원을 해고하고 3개 공장을 폐쇄하는 등의 구조조정 계획을 서둘러 발표해야 했다. 글로벌 산업 경쟁에서 기업이 경쟁력을 잃자 수많은 일자리가 한순간에 사라진 것이다. 2013년 노키아(Nokia)는 아예 휴대폰 사업과 특허권 등을 마이크로소프트에 매각하게 된다. 불과 2년 사이에 벌어진 일이다.

이처럼 글로벌 산업경쟁이 가속화되는 상황에서 혹시라도 정부가 나서 기존 기득권이나 국내시장의 틀 안에서 이리저리 조정하며 시간만 소모한다면, 막강한 자금력과 경쟁력을 앞세운 해외 기업이 출현하여 국내시장을 과점할 수 있다. 실제 수십 년간 막강하던 한국의 지상파 방송이 구글(Google)의 인터넷 동영상 플랫폼인 유튜브(Youtube) 등에 시청 시간이 추월당하기도 하였다.

1865년 영국에서는 자동차의 등장으로 인해 피해를 볼 수 있는 마차를 보호하기 위해 제정된 법이 있었다. 증기자동차가 출시되면서 마차(馬車)업자들의 항의가 계속되자 제정된 법안인데, 기존의 마차 사업을 보호하고 마부들의 일자리를 지키기 위해 시행된 법이었다. 이 법에 따르면 한 대의 자동차에는 반드시 운전사, 기관원, 기수 등 3명이 있어야 하며, 기수가 낮에는 붉은 깃발, 밤에는 붉은 등을 들고 자동차의 55m 앞에서 차를 선도하도록 했다. 자동차를 운행하기 위해서는 붉은 깃발을 앞세워 자동차가 마차보다 빨리 달릴 수 없도록 규제한 것이다. 이 법이 소위 '붉은 깃발법(정식 명칭 : The Locomotives on Highways Act)'이다. 붉은 깃발법은 1896년까지 약 30년간 유지되면서 소비자들의 자동차 구매 욕구를 감소시키는 주된 원인이 되었고, 산업혁명의 발상지였던 영국은 자동차를 가장 먼저 만들고도 자동차 산업의 주도권을 독일·미국·프랑스 등에 내주었다.

생각해 보면, '붉은 깃발법'이 제정될 당시에도 나름의 이유와 '명분'이 있었을 것이다. 증기자동차의 출시로 인해 마차(馬車)업자들의 항의는 거세었을 것이고, 실직을 우려하는 마부들의 시위는 격렬했을 것이다. 이에 제정한 '붉은 깃발법'도 자동차의 출시를 아예 불허한 것은 아니었다. 그저 기존 마차업계와 증기자동차업계가 '상생'하기 위해 자동차의 필수 고용 인원을 명시하고, 고용된 기수는 깃발이나 등을 들고 자동차 앞에서 차를 선도하도록 규제한 것이다. 그러나 영국에서 증기자동차는 마차보다 느리게 달려야만 했고, 자동차 산업의 주도권은 독일·미국·프랑스 등으로 넘어가 버렸다.

【붉은 깃발법 실제 사진(출처 : National Motor Museum UK)】

우리 사회에도 '붉은 깃발법'이 존재하는가? 정부가 상생 등을 명분으로 국내시장의 틀 안에서 이리저리 조정하며 시간만 소모하는 사례가 있는가? 사회적 약자를 보호하기 위한 지원책은 당연히 필요하지만, 이것이 새로운 도전을 억누르거나 지연하는 방식이어서는 곤란하다. 궁극적으로 규제보다는 '끊임없는 도전'과 '현명한 시행착오'를 장려하는 사회 분위기가 형성되어야만 개인과 기업, 정부 모두 4차 산업혁명 시대를 개척해 나갈 수 있다.

2. 4차 산업혁명 시대, 드론의 가치

1) 드론(Drone)의 가치

　　RC(Radio Control, 무선조종) 완구 놀이 경험이 있는가? 게임기(Game Console) 놀이 경험이 있는가? 남녀노소 누구나 쉽게 다가갈 수 있는 것이 드론(Drone)이다. 생각보다 빠르게 조종방법을 숙지하여 드론을 비행하는 모습을 종종 목격할 수 있는데, 약간의 관심만 기울인다면 드론을 통해 최신의 기술 변화를 체험할 수 있다. 카메라가 부착된 드론이라면 마치 하늘을 나는 것처럼 하늘 위 시선에서 세상을 바라볼 수 있도록 도와준다.

【드론으로 촬영한 하남시 일대 전경】

　　한국 국토교통부에 따르면 드론 활용 유망분야는 스마트 무인 농임업, 측량 후 3D 모델링, 건설 전과정 관리, 전천후 시설 점검, 재난 감시 및 대응, 드론 택배, 항공촬영 대체 등이며, 공공 건설, 하천관리, 산림 보호, 수색·정찰, 에너지, 국가 통계 분야 등의 공공분야에서 드론이 활용되고 있다.

【드론 활용 유망분야 <출처: 드론산업 발전 기본계획, 2017. 12. 21. 국토교통부(첨단항공과)>】

【드론 시범사업 분야 <출처: 드론산업 발전 기본계획, 2017. 12. 21. 국토교통부(첨단항공과)>】

사실 드론은 2000년대 초반까지만 해도 군사용 무기 중 하나로만 인식되어왔으나 미국 라스베거스에서 열린 CES(Consumer Electronics Show, 세계가전전시회) 2010에서 프랑스 패럿(Parrot)사의 스마트폰으로 조종 가능한 쿼드콥터 AR드론이 대중에게 소개되면서 시장에서 주목받기 시작했다.

【패럿(Parrot) AR.Drone 2.0 <출처: 위키미디어 커먼스
(저작자 : Nicolas Halftermeyer / CC BY-SA)>】

글로벌 드론 조사 기관인 Drone Industry Insights에서는 건설업, 농업 등 상업용 드론의 활용이 가능한 산업 분야를 15가지로 구분하여 발표하였는데 다음의 표와 같다.

NO	산업분야	드론 활용 사례
1	에너지 및 유틸리티 (가스, 전기 등)	굴뚝, 정제공장, 전선, 송신탑, 가스 및 석유 파이프라인, 기타 공사 시설 등의 점검 등
2	건설업	건설 현장 조사, 부지측량 및 건설계획 자료 수집, 지형도 작성, BIM(Building Information Modeling) 등
3	농업	토질 조사, 농작물 건강상태 체크, 비료살포 및 적정 비료 살포량 설정, 농작물 질병 확인 등
4	교통 및 창고관리	교량, 공항, 도로, 철도 등 교통 시설 파손 등 검사, 드론 배송, 창고 내 재고 검사 등
5	정보(Information)	영화 제작, 뉴스 및 TV 프로그램 제작 등
6	광업, 석유 및 가스 채굴	가스 탐지, 지역 맵핑, 광산 관련 시설 측량 및 검사 등
7	일반 행정	해양 오염 조사 및 감시, 산불감시, 홍수 조사, 도시 맵핑(Mapping), 토지 조사
8	예술, 예능, 레저	드론 활용한 예술작품(드론 쇼 등), 드론 레이싱, 드론 활용한 광고 등
9	부동산, 렌탈, 리스	건물 검사, 지붕 검사, 열화상 조사
10	보험	건물/지붕 손상 정도 산정 및 보험료 산정
11	건강 관리 / 사회적 지원	실종자 수색, 재난 구호(산악 및 해양 구조), 혈액/의약품 배송
12	전문적, 과학적, 기술적 서비스	자연 생태 조사, 공기 질 측정, 농업 토지 검사 등
13	안전 및 보안	국경 감시, 건물 침입자 감시, 이벤트 경비
14	교육	교육/연구 기관 등의 야생 생태 조사, 공기 질 측정 등
15	폐기물 관리	매립지 및 매립 상황 조사 등

【상업용 드론의 활용이 가능한 산업<출처: 드론 주요시장 보고서, 2019. 12. 19. KOTRA>】

이외에도 세계경제포럼(WEF)은 드론이 자율교통수단의 일종으로서 4차 산업혁명의 진행에 기여할 것으로 전망하였으며, 실제 CES(Consumer Electronics Show, 세계가전전시회) 2020에서는 현대자동차가 드론처럼 수직 이착륙이 가능한 PAV(Personal Air Vehicle) 콘셉트의 S-A1을 전시하였고 관람객들의 발길이 이어졌다.

S-A1은 우버(Uber)의 항공택시 개발 프로세스를 통해 완성되었는데, 날개 15m, 전장 10.7m이며, 총 5명의 탑승이 가능하다. 드론 기술을 융합하여 도심에서 활주로 없이 수직이착륙(VTOL, Vertical Take Off and Landing)이 가능한 특장점을 가졌으며, 총 8개의 프로펠러를 장착하고 최대 약 100km를 비행할 수 있다. 최고 비행 속력은 290km/h에 달하고, 이착륙 장소에서 승객이 타고 내리는 5분여 동안 재비행을 위한 고속 배터리 충전이 가능하다.

드론은 4차 산업혁명을 상징하는 기술 중 하나로 정보의 수집과 가공 그리고 배포 및 활용에 이르기까지 다양한 역할을 선도하고 있다. 더불어 4차 산업혁명의 공통 기술인 인공지능(AI), 사물인터넷(IoT), 센서, 3D프린팅, 나노기술 등을 적용하고 검증할 수 있는 최적의 시험무대이기도 하다. 현재 미국, 중국, 유럽 등에서는 사업용 드론 시장의 선점을 위한 경쟁이 가열되고 있으며, 저가·소형 중심의 단순 촬영용에서 농업·감시·측량·배송 등 임무 수행을 위한 고가·중형 드론 중심으로 변화 중이다. 앞으로 대형 무인항공기의 등장과 개인형 이동수단으로의 자율비행 드론 상용화 등 수송·교통 분야에서도 새로운 시장이 열릴 것으로 기대되고 있다.

   2019년 4월 5일, 한국 국회를 통과한 「드론 활용의 촉진 및 기반 조성에 관한 법률」에 따르면, '드론'은 '조종자가 탑승하지 않은 채 항행할 수 있는 비행체'로 정의돼 있다. 더불어 항공에 관한 기본법령인 「항공안전법」에서 규정하는 무인항공기와 무인 비행장치도 드론으로 준용되었고, 드론 택시 등 새롭게 등장할 비행체도 드론으로 규정할 수 있는 근거가 마련되었다. 본서에서 드론은 조종자가 탑승하지 않은 채 항행할 수 있는 비행체로 무인항공기, 무인 비행장치, PAV(Personal Air Vehicle), 드론 택시, 킬러드론 등을 포괄하는 용어로 사용한다.

2) 민간 드론시장 현황

세계 민간 드론 시장은 2018년 기준 약 140억 달러(USD $14B) 규모이며, 2024년에는 약 430억 달러(USD $43B) 규모로 성장할 전망이다. 그중 건설업, 농업, 광산업 등에 드론을 활용하는 산업용 드론 시장은 2018년 기준 약 110억 달러(USD $11B) 규모로 전체 민간 드론 시장의 약 80%를 차지하고 있으며, 연평균 23.7% 성장하면서 2024년까지 드론 시장 성장을 견인할 전망이다. 개인용 드론 시장은 2018년 기준으로 약 31억 달러(USD $3.1B) 규모이며, 연평균 3.3% 성장할 전망이다.

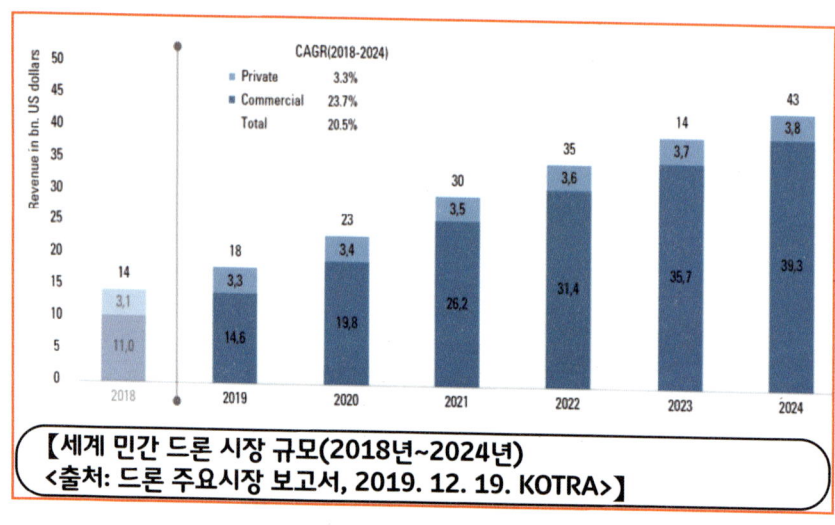

【세계 민간 드론 시장 규모(2018년~2024년)
<출처: 드론 주요시장 보고서, 2019. 12. 19. KOTRA>】

드론은 다양한 산업 현장에서 활용되고 있다. 2018년 산업조사업체 블루리서치가 미국의 연 매출 5,000만 달러 이상 기업을 대상으로 진행한 설문조사에 따르면 응답 기업 중 약 12%가 드론을 비즈니스

에 사용하고 있는 것으로 나타났다. 특히 건설 분야 기업 중 약 35%가 드론을 사용하고 있다고 답해 가장 높은 적용률을 보였다.

건설 현장에서는 드론을 활용하여 측량, 토공량 측정, 현장관리, 3차원(3D) 모델링, 안전점검 등을 진행하고 있는데, 실제 한국의 롯데건설, 대우건설, 태영건설 등도 건설 현장에 드론을 도입하고 있다.

농업방제 분야에서도 드론을 활용한다. 글로벌 시장조사업체인 주니퍼리서치는 2016년 세계에서 판매된 상업용 드론의 46%가 농업용으로 사용된다고 추정했다.

드론을 활용하면 짧은 시간에 방제작업을 마무리할 수 있고, 농약 중독 등 방제 작업자의 농약 노출 위험을 크게 감소시킬 수 있다. 정밀농업 분야에서도 드론 활용이 증가하는 추세인데, 토양 및 농경지 조사, 파종, 살포, 작물 모니터링 등에 활용하고 있다.

드론 택배 등 물류·배송 분야에서의 드론 활용도 범위가 넓어지고 있다. 세계 최대 전자상거래 기업 아마존(Amazon)은 2019년 6월, 배송용 자율비행 드론의 최신 모델을 공개하며 "수개월 안에 드론이 소비자들에게 상품을 배달할 것"이라고 밝혔다. 앞서 4월에는 구글(Google) 알파벳 무인기 프로젝트 조직인 윙(Wing)이 미국에서 처음으로 연방항공청(FAA)의 상업용 드론 배송 허가를 취득한 바 있다.

중국·호주·싱가포르·핀란드·스위스 등에서는 제한적인 드론 배송이 시도되고 있다.

업 체 명	아마존 프라임 에어 (Amazon Prime Air)	본 사	미국 워싱턴 주 시애틀
설립연도	1994년	홈페이지	amazon.com
직 원 수	647,500명 (2018)	매 출 액	USD 232.9B (2018)
사업영역	아마존 자체 드론을 이용한 구매 제품에 대한 프라임 에어 배송 서비스		

【아마존 프라임 에어(Amazon Prime Air) 개요】

미국 캘리포니아에 소재한 집라인(Zipline)은 교통 인프라가 제대로 구축되어 있지 않은 아프리카 지역에서 드론을 활용해 혈액을 포함한 의약품을 병원으로 배송하는 서비스를 제공하고 있다. 나아가, 미국 내 비도심 지역에 의약품 드론 배송서비스를 시행할 계획인데, 미국 네바다주의 르노(Reno) 지역에 물류기지를 설립 중이며 근방 40여 개 병원까지 의약품 배송서비스를 시행할 계획이다.

업 체 명	집라인 (Zipline)	본 사	미국 캘리포니아 하프문베이
설립연도	2014년	홈페이지	flyzipline.com
직 원 수	154명		
사업영역	고정익 드론 및 낙하산을 이용한 혈액 및 의약품 배송 서비스		

【집라인(Zipline) 개요】

미국을 중심으로 물류·배송 분야의 드론 활용 사례를 정리하면 다음과 같다.

기업명	유형	설명
7-Eleven	우편 배송	Flirtey와 제휴를 해서 2016년 7월에 FAA로부터 최초로 택배 서비스를 승인받음
에어버스 (Airbus)	우편 배송	싱가포르에서 드론을 사용하여 해안에서 선박으로 소포 배송 시험
아마존 (Amazon)	우편 배송	Amazon Prime Air 이름으로 30분 내 배송을 목표로 진행 중 영국에서는 2016년, 미국에서는 2017년 3월에 최초 배송 테스트 진행
보잉 (Boeing)	우편 배송	2018년 1월 미주리 주에서 최대 500파운드(약 227kg)까지 운반할 수 있는 드론을 선보임
DHL	우편 배송	2013년 12월, 독일에서 드론을 사용하여 의약품 배달 시작
도미노 (Domino's)	음식 배달	2013년 미국, 영국, 인도 및 러시아에서 피자 배달을 테스트. 2016년, Flirtey 와 파트너 관계를 맺고 뉴질랜드에서 상업용 배송 서비스 시작
페덱스 (FedEx)	우편 배송	2014년에 무인 항공기 테스트를 시작했으며, 2019년 2월에는 단거리 배송을 위한 바퀴달린 로봇 배송도 선보임
메리어트 (Marriott)	음식 배달	2017년, 실내 비행 드론을 사용하여 많은 숙박 시설에서 게스트 테이블로 음료를 배달
우버 (Uber)	음식 배달	아직 드론과 FAA 승인이 없지만, 맥도날드와 제휴하여 음식 배달 서비스인 UberEats로 음식의 온도를 최대한 유지한 배송을 목표로 하고 있음
UPS	우편, 의료품 운송	Matternet과 제휴하여 2019년 3월, 노스캐롤라이나 병원에서 의료 샘플을 배송하는 물류 프로그램에 드론 사용 발표
월마트 (Walmart)	우편 배송	미국 인구의 70%가 5마일 내에 월마트가 있는 지역에 살고 있다고 주장. 2019년 6월 현재, 총 97건의 드론 관련 특허 신청 진행 중(아마존은 54건)

【미국의 물류·배송 분야에서 드론 활용 사례<출처: 미국 운송용 드론(UAV) 시장동향, 2019. 07. 10. KOTRA>】

한편 재난구조 분야에서 드론의 활용은 매우 인상적이다. 2019년

12월, 호흡기 감염질환인 '코로나바이러스감염증-19(corona virus disease 19)'(이하 'COVID-19')가 중국 우한에서 발생한 후 전 세계로 확산되었다. 각국 의료진을 중심으로 COVID-19 극복을 위해 총력을 기울였는데, 드론의 활용이 눈에 띄었다. 실효성 지적에도 불구하고 각국에서 드론을 방역에 활용하고, 가나에서는 드론을 이용해 COVID-19 환자의 검체를 시험 배송하기도 하였다.

중국 저장성의 한 병원에서는 드론으로 환자의 시료를 질병통제센터로 긴급 배송하였는데, 육로 이용 시 20분 이상 걸릴 배송 시간을 단 6분으로 줄였다고 한다. 중국에서는 마스크를 쓰지 않은 주민에게 드론을 띄워 안내하는 장면이 CNN 등을 통해 전 세계에 보도되기도 하고, 상품 배달업에 종사하는 인력이 부족해진 상황에서 배달용 드론의 수요가 급증했다는 보도도 있었다. 인도에서는 드론이 '사회적 거리두기(Social Distancing)'를 준수하도록 돕는 역할을 한다. COVID-19 팬데믹으로 인해 드론의 활용이 더욱 확대되고 있다.

【심장마비 치료를 위해 제세동기(AED)를 배송하는 드론<출처: 위키미디어 커먼스 (저작자 : Mollyrose89 / CC BY-SA)>】

기타 드론은 기상변화 및 환경오염 등 실시간 환경 모니터링에 활용되고 있으며, 취미용으로 시작된 드론 축구, 드론 레이싱(Racing) 등이 각각의 스포츠(Sports)로 성장하고 있다. 2018년 평창 동계올림픽 개막식에서 인텔의 슈팅스타 드론 1,218대를 활용한 드론쇼로 큰 관심을 모았던 엔터테인먼트 부문 역시 활용이 증가하고 있다.

【Intel Drone 100 Light Show
(출처 : 위키미디어 커먼스)】

　현재 세계 민간 드론업계의 절대 강자는 중국 DJI다. DJI는 1980년생인 왕타오가 홍콩과기대(HK Unv. Of Science & Technology)를 졸업한 후 대학교수 및 대학 동기들과 2006년 광둥성 선전(深圳, ShenZhen)에 설립하였고, 2013년 1월 팬텀 시리즈가 최초로 출시하며 단숨에 세계 최고의 민간 드론 제작업체에 등극하였다.
　DJI는 2014년 전문가용 드론 인스파이어, 2015년 농업용 드론 MG-1, 2016년 소형 드론 매빅 시리즈, 2017년에는 제스처로 컨트롤이 가능한 셀피드론 스파크, 2018년 자사의 짐벌 기능을 활용한 휴대용 스마트폰 짐벌기기인 오즈모 모바일을 각각 출시하며 독주체제를 굳히고 있다. 매빅2 프로는 전후좌우 및 위아래 장애물 감지 센서, 1인치 센서 카메라 등 기존 드론의 장점들이 두루 채택되어 화제가 되었다. 드론 제조 기술과 연구개발 역량, 세련된 디자인, 경쟁력 있는 가격 등으로 경쟁사가 따라오기 힘든 독보적인 위치를 점하고 있으며, 출시하는 제품마다 새로운 표준을 제시하고 있다.

【DJI 매빅2 프로<출처: 위키미디어 커먼스 (저작자:Blenni333 / CC BY-SA)>】

DJI의 성공 요인은 대략 6가지로 정리할 수 있다.

첫째, 신제품의 빠른 출시이다.
타사들은 2~3년 걸려서 출시하는 신제품을 DJI는 5~6개월마다 출시하며 시장을 선점하고 있다.

둘째, 연구개발을 통해 독보적인 기술력을 가지고 있다.

2018년 기준 총 12,000여 명의 직원 중 약 25% 이상이 연구개발 인력일 정도로 연구개발에 전념하고 있다. 드론 기체 관련 연구개발은 중국에서, 소프트웨어는 실리콘밸리에서, 카메라는 일본에서 각각 센터를 설립해 연구개발을 진행하고 있다.

셋째, 초기부터 글로벌 시장을 목표로 삼았다. 중국의 알리바바(Alibaba), 화웨이(Huawei), 텐센트(Tencent) 등이 중국 내수시장에서 먼저 사업을 키운 후 해외로 진출하였으나, DJI는 창업 초기부터 해외시장을 목표로 해외 투자를 받아 사업을 전개하였다.

넷째, 부품을 수직 계열화하였다.
드론 모터, 본체에 들어가는 각종 제어장치 및 기본적으로 탑재되는 카메라, 센서 등의 제조를 모두 수직 계열화하여 비용을 절감함으로써 드론 본체의 가격 경쟁력 확보하고 있다.

다섯째, 선전(深圳, ShenZhen)이란 도시의 스타트업(start-up) 생태계이다.
중국 광둥성의 선전은 아시아의 실리콘 밸리로 불릴 만큼 수많은 스타트업(start-up)들과 제조업체가 모여있다. 신속하게 샘플(Sample) 혹은 제품 제조가 가능하고, 부품 조달 비용 및 인건비가 저렴하여 미국이나 유럽의 드론 제조업체 대비 가격 우위를 확보할 수 있었다.

여섯째, 기술 선도 기업들과의 적극적인 협업을 진행하고 있다.

2015년 스웨덴의 카메라 기업인 핫셀블라드(Hasselblad)의 지분을 일부 인수하여 1억 화소급 카메라가 장착된 드론을 출시하고, 화상 인식 전문 반도체 회사인 미국 모비우스와 연구를 추진하여 자사 드론에 적용하는 등 다양한 협업을 통해 기술 경쟁력을 강화하고 있다.

이외에도 민간 드론 시장의 선구자이자 유럽 최대의 드론 제작업체이었던 프랑스 패럿(Parrot)은 2010년에 스마트폰으로 조종 가능한 최초의 드론 'AR드론'을 출시한 바 있으나, 연이은 판매 부진과 재정 악화로 2017년에 다수의 직원을 해고한 바 있다. 다만, '미군 단거리 정찰(SRR:Short Range Reconnaissance) 프로젝트'에 참여한다는 발표가 있었는데, 전장에서 미국 보병들이 정찰을 원활히 할 수 있도록 돕는 드론을 개발하는 것이다. 미국 국방부가 미·중 무역 분쟁 심화로 인해 중국 기업과의 거래를 줄이고, 유럽 업체들과 새로운 동맹 전선을 구축하는 움직임이 보여 귀추가 주목된다.

중국의 DJI, 프랑스의 패럿(Parrot)과 함께 상업용 드론 세계 3대 드론 제조사로 불리었던 3DR은 2015년 말 야심차게 출시한 취미용 드론 솔로(Solo)가 시장에서 참패하면서 2016년 개인용 드론 생산 중단을 발표하고 상업용 소프트웨어 개발을 통한 서비스 제공에 집중하는 방향으로 선회하였다. 대규모 투자를 받아 주목을 받았던 릴리 로보틱스(Lily Robotics)는 비용 문제로 제품을 출시하지도 못한 채 2017년 폐업하였고, 고프로(GoPro)는 드론 시장에서 철수하였다. 미국 드론산업은 드론 제작에서 탈피하여 상업용 소프트웨어 및 서비스 개발에 집중하는 방향으로 선회하였다.

3) 모빌리티(Mobility)와 MaaS, 그리고 드론(Drone)

　　최근 승차공유 스타트업(start-up)은 물론 상당수 대기업들이 자신들을 '종합 모빌리티 기업'으로 소개한다. 사전을 찾아보면 모빌리티(mobility)에는 '이동성'이라는 의미가 있는데, 전통적인 교통수단에 ICT(Information and Communication Technologies) 기술을 결합하여 편의성과 효율을 높였다는 의미로 사용하고 있다.

　　오늘날 현대 사회는 거리 위 수많은 자동차로 인한 대기오염과 극심한 교통 정체로 몸살을 앓고 있다. 전 세계적으로, 전기자동차의 시장 경쟁력이 어느덧 일반 자가용 수준으로 올라온 덕에 친환경차의 수요가 꾸준히 늘어나고 있고, 우버(Uber), 리프트(Lyft) 등의 승차공유 서비스가 서서히 활성화되고 있지만 도심 내 교통체증은 해결의 기미를 보이지 않고 있다. 오히려 집중되는 인구로 인해 주요 도시들이 메가시티에 가까워지고, 지하철, 버스와 같은 대중교통의 공급을 무한정 늘리는 것도 한계에 봉착하고 있다. 제한된 국토를 모두 공항이나 도로로 만들 수는 없는 노릇이고, 이는 한국도 예외가 아니다.

　　국가별 기준 연도가 다소 상이하나 주요 국가별 통근시간을 비교해 보면, 한국 40분, 일본 38분, 멕시코 30분, 미국 28분, 캐나다 23분, 독일 20분, 핀란드 16분, 뉴질랜드 15분 등으로 한국의 통근 시간이 가장 긴 것으로 나타났다. 한국이나 일본 직장인들이 상대적으로 출퇴근에 많은 시간을 소비하는 것이다.

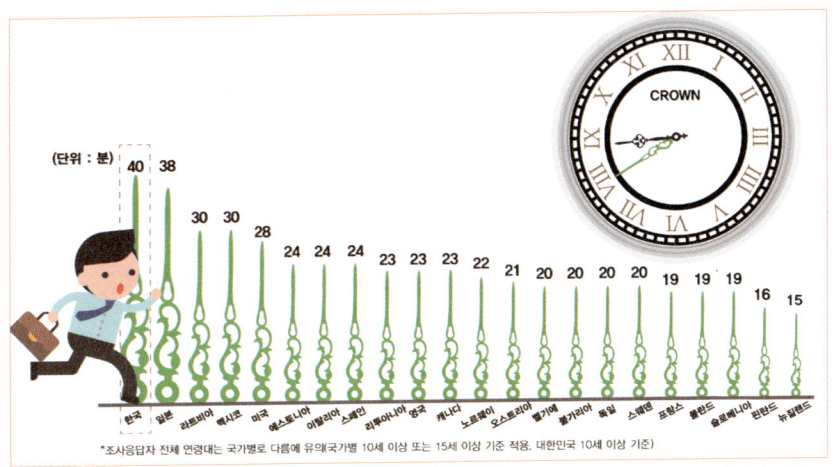

【<출처: KTDB Newsletter Vol.31 (2016년 8월), 2016. 09. 05. 국가교통DB>】

실제 한결같이 꽉 막힌 도로에서 자가용을 운전하다 보면, 이런 생각을 하게 된다. "이런 교통상황에서 자가용은 필요한 것일까?", "굳이 자가용을 사야 할까?", "구매비용과 유지비용, 보험료 등을 종합적으로 계산하다 보면, 택시, 지하철, 버스 등의 대중교통과 승차공유 등을 적절히 활용하는 것이 효율적이지 않을까?"

【<출처: 위키미디어 커먼스 (저작자:B137 / CC BY-SA)>】

2019년 세계 10대 자동차 생산국 중 무려 8개국의 자동차 생산량이 전년 대비 4.9% 감소했다. 세계 자동차 생산 1위인 중국은 전년 대비 7.5% 감소한 2571만 대로 2년 연속 마이너스 성장을 기록했고, 2위인 미국도 같은 기간 3.7% 감소했다. 3위 일본은 0.5% 줄었고, 4위 독일은 8.1% 감소, 5위 인도는 12.7% 감소를 기록했다. 이어 6위 멕시코는 3.1%가 줄었으며 7위 한국은 1.9% 감소했다. 8위 브라질은 전년 대비 2.3% 증가, 9위 스페인은 0.1% 증가, 10위 프랑스는 1.8% 감소세를 기록했다. 10대 생산국 중 브라질과 스페인 등 2개국의 생산량만 늘었다.

　　게다가 2020년 COVID-19 팬데믹으로 인해 상당수 국가의 공장 가동이 한동안 중단되며 자동차 생산에 큰 타격을 받았다. 나아가 소비자들도 자동차 구매를 연기하면서 2020년 상반기 전 세계의 자동차 판매량이 대폭 감소하였다. 실제 2020년 4월, 현대자동차의 해외 판매실적이 16년 9개월 만에 최저치로 떨어졌는데, 이로 인해 현대차동차의 전체 판매실적 또한 2006년 7월(12만 8,489대) 이후 가장 낮은 수준을 기록한 바 있다.

　　향후 자율주행 기술이 상용화되고, 승차공유 서비스가 활성화되며, 내연기관차에서 전기차로 패러다임이 전환되면 미래차에 들어가는 부품 수도 대폭 감소할 것이고, 자동차 산업의 생태계 변화는 피할 수 없는 시대의 흐름으로 자리 잡게 될 것이다. 블룸버그 비즈니스위크는 2019년 3월 '피크카(Peak Car)'를 제시하며, 미·중 무역분쟁과 같은 정치적 요인뿐만 아니라 자율주행 및 모빌리티 서비스의 발달, 자동차 소유 패턴의 변화 등으로 인해 자동차 수요가 정체

될 수 있음을 시사했다.

실제로 현대자동차를 포함하여 도요타(TOYOTA), 벤츠(Mercedes-Benz) 등 글로벌 자동차 제조사들이 자동차 제조업에서 모빌리티(Mobility) 기업으로의 변신을 선언하고 있다. C.A.S.E.를 비전으로 제시하는데, C.A.S.E는 C(초연결, Connectivity), A(자율주행, Autonomous), S(공유, Shared&Service), E(전동화, Electrification)의 앞글자를 모은 것이다.

하드웨어 측면으로는 차량 공간을 확장시키고, 차량 내 전자결재 등 카 인포테인먼트를 가능하게 함으로써 이용자에게 편의와 즐거움을 제공한다는 것이고, 소프트웨어 측면으로는 다양한 이동수단을 호출할 수 있는 플랫폼인 MaaS(Mobility as a Service)가 핵심이 될 것으로 보인다.

구분	C(초연결)	A(자동화)	S(공유)	E(전동화)
도요타 T O Y O T A	차량과 주택을 연결하기 위해 파나소닉과 합작사를 설립, 2020년 양산차 90%에 V2H 통신기능을 탑재	소프트뱅크와 자율주행 서비스 회사인 모넷 테크놀로지를 설립	우버, 그랩(싱가폴) 등 글로벌 모빌리티 공유 플랫폼에 투자	2025년 양산 차량 100% 전기차 적용

| 현대자동차 | 카카오와 차량 내 인공지능 음성인식 기술 협업 | KT, 얀덱스(러)와 차량용 5G 통신기술 개발 협업. 2021년 자율주행택시 출시 | 그랩, 올라(인도) 등 글로벌 플랫폼 및 국내 모빌리티 스타트업에 투자 | 2020년 전기차 전용 플랫폼을 통해 차량 양산 |

【주요 자동차 제조사 CASE 추진 현황<출처: 2020 비즈니스 트렌드, 2019. 12. 27. 우리금융경영연구소>】

　　MaaS(Mobility as a Service)는 '서비스로서의 모빌리티'를 의미하며, 승용차, 버스, 택시, 자전거 등의 운송수단이 개별적으로 제공되는 방식에서, 일괄적으로 제공할 수 있도록 하는 통합 플랫폼을 말한다. 가령 핀란드의 대중교통·차량 공유 서비스 연계 애플리케이션인 윔(Whim)은 플랫폼 안에서 이용자가 모든 교통수단을 한 번에 예약하고 결제할 수 있는 서비스를 통합 제공한다는 측면에서 MaaS 선진 사례로 꼽히고 있다. 이용자가 윔(Whim) 플랫폼에 출발지와 목적지를 입력하면 이동을 위한 가장 최적의 교통수단과 경로를 제공해 간편하게 이용할 수 있다. 우버(Uber)의 CEO인 다라 코스로샤히(Dara Khosrowshahi)는 아마존(Amazon)이 모든 것을 판매하는 회사이듯이 우버(Uber)는 모든 것을 운송하는 서비스 회사가 될 것이라고 밝힌 바 있다.

　　현대자동차, 도요타(TOYOTA), 벤츠(Mercedes-Benz) 등 자동차 제조사 입장에서는 MaaS(Mobility as a Service)의 주도권을 놓칠 경우, 단순히 자동차란 하드웨어를 서비스 기업에게 공급하는 구조로 전략할 수 있기에, 제조업에서 벗어난 새로운 사업 모델의 필요성을 절감하고 있다.

CES(Consumer Electronics Show, 세계가전전시회) 2020에서 도요타(TOYOTA)는 모빌리티 업체를 넘어 기술과 환경을 결합한 인간 중심 미래 도시 '우븐 시티(Woven City)' 건설을 선언했다.

현대자동차는 '미래 도심형 항공 모빌리티(UAM, Urban Air Mobility)'의 개념을 들고 나왔고, PAV(Personal Air Vehicle) 콘셉트인 S-A1을 전시했다.

BMW는 i3 '어반 스위트(URBAN SUITE)' 모델을 선보였는데, BMW가 시판 중인 소형 배터리 전기차 i3를 기반으로 차 내부를 편안한 호텔 스위트룸과 같은 구조로 구성한 것이 특징이다. 거주공간으로서 자율주행차에 대한 BMW의 고민을 엿볼 수 있었다.

가전업체 소니(SONY)는 처음으로 전기 콘셉트카 Vision-S를 전시했고, 벨넥서스(Bell Nexus)는 4개의 덕티드팬(Ducted Fan, 외부 덕트 내에서 구동되는 회전날개)을 사용한 전기수동이착륙기 2세대 모델을 스마트시티 개념과 함께 전시했다.

항공사인 델타항공(Delta Air Lines)은 모빌리티 공유업체 리프트(Lyft)와 서비스 연결을 선언하기도 했다. 기존 자동차업계, 항공업계, 가전업계, 건설업계 등의 한계를 넘어 종합 모빌리티(Mobility) 기업으로의 변신을 시도하는 중이다.

모빌리티(Mobility)의 핵심은 목적지까지 빠르고 편리하며 안전하게 이동할 수 있는 솔루션이다. 이에 모빌리티의 발전 방향은 단기적으로 '온디맨드(On-demand, 수요응답형) 서비스' 쪽으로 초점이 모아지고 있다.

정해진 시간과 노선을 따라 움직이는 기존 대중교통의 한계를 벗어나 실시간으로 이동수요에 대응하는 신개념 이동 서비스다. 이러한 모빌리티 구현 기술로 주목받는 것이 PAV(Personal Air Vehicle)이다. 플라잉카(Flying Car)와 대비하여 드론과 항공기 기술을 융합한 운송수단을 지칭하는 용어가 바로 PAV(Personal Air Vehicle)인데, 미래 모빌리티 수단으로 주목받고 있다.

【CarterPAV 드론】

더불어, '퍼스트마일 모빌리티(First Mile Mobility)'와 '라스트마일 모빌리티(Last Mile Mobility)'에도 주목해야 한다. 주요 이동수단의 빈틈을 채워주는 개념이 바로 '퍼스트마일 모빌리티'와 '라스트마일 모빌리티'인데, 가령 경기도 하남시 자택에서 부산시 해운대까지 KTX를 타고 이동할 계획이라고 가정하자. 주요 이동수단인 KTX 예매와 더불어, '하남시 자택에서 KTX승차역까지의 이동수단(퍼스트마일 모빌리티)'과 '하차역인 KTX부산역에서 해운대內 목적지까지의 이동수단(라스트마일 모빌리티)'을 각각 선택해야 한다. 주요 이동수단의 빈틈을 채워주는 개념이며 이동수단의 연계성 측면에서 중요하다. 전동킥보드 등이 주목받고 있으며, 투자 및 인수합병 등이 활발하게 진행되고 있다.

【<출처: 위키미디어 커먼즈 (저작자:Rlbberlin / CC0)>】

지난 몇 년간 세계적으로 큰 성공을 거둔 '스타 벤처' 중 상당수가 모빌리티 업종에서 탄생했다. 미국 우버(Uber), 중국 디디추싱(Didi Chuxing), 싱가포르에 본부를 둔 동남아시아 차량공유 업체 그랩(Grab) 등은 차량호출 서비스로 출발해 많은 이용자를 끌어모은 뒤

쇼핑, 금융, 콘텐츠사업 등으로 확장하고 있다. 컨설팅업체 맥킨지에 따르면 세계 모빌리티 시장 규모는 2015년 300억 달러(USD $30B)에서 2030년 1조 5000억 달러(USD $1500B)로 커질 전망이다.

4) 플라잉카(Flying Car), PAV(Personal Air Vehicle), 드론 택시 (Drone Taxi)

최근 모빌리티(Mobility)와 관련하여 자주 언급되는 플라잉카(Flying Car), PAV(Personal Air Vehicle), 드론 택시(Drone Taxi) 등을 각각 소개한다.

◉ 플라잉카(Flying Car)

일반적으로 하늘을 나는 차, '플라잉카'는 1917년 미국의 글렌 커티스(Glenn Curtiss)가 개발한 오토플레인(Autoplane)을 시초로 본다. 물론 그 당시 오토플레인의 경우 실질적인 비행은 어려웠던 것으로 전해지지만, 그만큼 하늘을 나는 자동차에 대한 인류의 열망은 오래전부터 이어져 왔다.

현대적 의미의 플라잉카는 2010년을 전후로 본격 공개되기 시작됐다. 미국 MIT 대학 졸업생들이 설립한 테라퓨지아(Terrafugia)는 2009년 도로에서의 주행과 하늘에서의 비행이 모두 가능한 트랜지션(Transition)이라는 플라잉카를 선보였다. 접이식 날개를 장착하고, 비행모드 변환에 약 30초가 소요되며, 이륙에 필요한 거리는 518m이다. 2017년 중국의 지리자동차가 인수하였다.

【테라퓨지아(Terrafugia) 트랜지션(Transition)
<출처 : 위키미디어 커먼스 Michael Pereckas from Milwaukee, WI, USA / CC BY>】

테라퓨지아 외에도 2012년 네덜란드의 팔브이(PAL-V)는 자동차와 자이로콥터를 결합한 리버티(Liberty)를 공개하였다. 접이식 프로펠러를 장착하고, 비행모드 변환과정에 10분 이내가 소요되며, 최대 비행거리는 500km이다.

슬로바키아의 에어로모빌(AeroMobil)은 2013년 자동차와 비행기를 결합한 에어로모빌 3.0을 선보였다. 접이식 날개를 장착하고, 비행모드 변환 과정이 3분 이내이며, 이륙에 필요한 거리는 200m이다.

【팔브이(PAL-V) ONE <출처 : 위키미디어 커먼스 (저작자:PAL-V Europe NV / CC BY-SA)>】

주요 플라잉카 모델들은 인류가 과거부터 상상해 온 모습을 그대로 재현해 냈지만, 여전히 내연기관 엔진을 사용해 공해를 유발하고, 소음이 크며, 대부분 이륙하기 위해 활주로가 필요하다는 단점을 갖고 있었다. 나름 기술적인 가치는 인정받았으나 도시의 환경오염이나 교통체증, 공간적 제약과 같은 문제들을 해결하기에는 남은 과제가 있다는 지적이다.

⊙ PAV(Personal Air Vehicle)

　PAV(Personal Air Vehicle)는 개인용 항공기로 번역할 수 있는데, 플라잉카(Flying Car)와 대비하여 드론과 항공기 기술을 융합한 운송수단을 지칭하는 용어로 사용된다. 일반 고정익(Fixed Wing, 固定翼) 항공기의 경우 활주로가 필요하지만, PAV는 드론 기술을 융합하여 도심에서 수직이착륙(VTOL, Vertical Take Off and Landing)이 가능한 특장점이 있다. 보잉(Boeing), 에어버스(Airbus), 현대자동차, 아우디(Audi), 도요타(TOYOTA) 등과 각종 스타트업(start-up)이 여러 기종을 개발 중이다.

　각종 스타트업(start-up)이 생산하는 주요 모델로는 중국 이항(Ehang, 亿航)의 184 및 216, 독일 볼로콥터(Volocopter)의 VC200 및 2X, 미국 키티호크의 플라이어(Flyer) 및 코라(Cora) 등이 있다.

【이항(Ehang, 亿航)의 184 <출처: 위키미디어 커먼스 (저작자:Ben Smith / CC BY)>】

　참고로, 1970년대 말부터 도심 내 온디맨드(On-demand, 수요응답형) 항공교통을 주도한 헬기의 경우, 연간 글로벌 생산 대수가 약 1천여 대로 매우 제한적이며, 대당 백만 불 이상의 고가이다. 고도 500피트 상공 비행기준 약 87dB의 소음을 유발하여 도심에서 대량 운용도 현실적이지 않다. 게다가, 비행안정성 문제는 논외로 하더라도, 디젤 차량의 3~5배 이상의 대기오염물질을 배출하여 미래의 지속 가능한 대중 교통수단으로는 한계가 있어 보인다.

앞서 소개한 플라잉카(Flying Car)의 경우에도 내연기관 엔진을 사용해 공해를 유발하고, 소음이 크며, 대부분 모델이 이륙하기 위해 활주로가 필요하다는 단점을 갖고 있다. 기술적인 가치는 인정받았으나 아직 풀어야 할 과제가 남아 있는 것이다.

현재 활발하게 개발이 진행되고 있는 PAV는 기술적으로 배터리와 모터를 추진동력으로 하여 친환경적이고, 소음이 적으며, 건물 옥상 등 도심 내에서 수직 이착륙이 가능하다. 또한, 장애물이 많지 않은 공중에서만 이동하기 때문에 상대적으로 파일럿이 없는 원격조종이나 자율주행 기술의 적용이 수월하다. 도로주행보다는 공중에서의 도시 내 이동에 초점이 맞춰졌기 때문에, eVTOL(Electric-powered Vertical Take-off and Landing, 전기동력 수직이착륙기)이라는 표현으로도 사용하고 있다.

PAV가 본격적으로 활용되기 위해서는 관련 법·제도 정비와 함께, 핵심기술의 확보와 이의 지속적인 개선이 필요하다. 이제 막 형성기에 들어선 PAV 시장의 기체 모델들은 도로주행 가능 여부, 수직이착륙 및 전기추진 여부, 로터 개수 등 기술 제원이 상이하다. 여느 산업이 그렇듯, PAV 시장에서의 상대우위를 갖는 지배제품이 결정되기까지, 앞으로 다양한 비즈니스 시험대에서 서로 다른 기술믹스(Technology Mix)와 디자인을 가진 기종들이 가격·기능·디자인 등의 여러 측면에서 경쟁을 겪게 될 것이며, 그 과정에서 선호되는 기술군·제품군들이 자연스럽게 드러나게 될 것이다.

다음 표는 PAV 관련 핵심요소 기술군들을 정리해 놓은 것이다.

부분	핵심 기술
추진 계통	¤ 전기추진수직이착륙(eVTOL) ¤ 엔진 출력 효율 개선 ¤ 동력·추력 계통 부문 소음저감 기술(Ducted Fan 등), 차세대 로터/프로펠러 기술(Bladeless Propeller 등) ¤ 파워드레인(전력전자장치 등)
소재 · 구조	¤ 저중량 고강도 복합 소재 개발·적용 ¤ 기체 저중량을 위한 최적 설계 기술(Fly-By-Wire 등) ¤ Dual Mode(도로주행/비행) 움직임 구현을 위한 형상 변경 기술(Tiltable Fan 등)
제어 · 안전	¤ 조종성 향상 및 추력조절 ¤ 복합 안전구조 메커니즘(Fail-Safe Mechanism) 설계 ¤ 파일럿사출시스템, 탄도회복패러슈트(Ballistic Recovery Parachute) 등 ¤ 생체측정센서
공력	¤ 최적 Body 형상 설계를 통한 양력 극대화 및 항력 최소화 기술
항행 · 통신	¤ 자동비행(Automatic Flight) 및 자율비행(Autonomous Flight) 기술 ¤ 최적항로 예측 기술 ¤ 집단 PAV 관제 기술 ¤ 장애물 탐지 및 충돌회피방지 알고리즘/센서, GPS 등
배터리	¤ 연료전지, 니켈수소전지, 리튬이온배터리 등 차세대 배터리 기술 및 에너지 밀집도 개선
사이버 보안	¤ 무선펌웨어(Firmware Over the Air) 업데이트 기술 등 안티해킹 보호기술

【PAV 핵심기술군 <출처 : 개인용항공기(PAV) 기술시장 동향 및 산업환경 분석 보고서, 2019.05.04., 한국항공우주연구원>】

글로벌 모빌리티 전문 컨설팅 기업인 Mobility Foresignts社의 2018년도 보고서에 따르면, PAV 기반 항공택시 서비스에 공급되는

PAV와 개별 PAV를 합한 댓수는 2018년도 94대 수준에서, 2025년까지 1,327대 수준으로 성장할 전망이다. BCG 그룹은 PAV에 대한 잠재적 수요를 약 1만여 대로 예측한 바 있다.

⊙ 드론 택시(Drone Taxi)

한국 국토교통부는 2019년 8월, 드론 택시와 드론 택배 등 드론 교통체계 상용화를 준비하기 위한 전담조직을 출범시키고 시범서비스 구현을 통해 민간 차원의 드론 택시 서비스모델의 조기 상용화를 유도하겠다고 밝혔다. 이어 같은 해 12월에는 '제3차 항공정책 기본계획'을 고시하였는데, '국가간·도시간 운송기능을 넘어 드론 택시 등 미래 도심형 항공 모빌리티(Urban Air Mobility)까지 항공운송의 패러다임 확장' 등 9가지 전략을 담고 있다. 항공운송의 패러다임을 드론 택시 등 '미래 도심형 항공 모빌리티(UAM, Urban Air Mobility)'로 확장하겠다는 것이다.

【볼로콥터(Volocopter)<출처 : 위키미디어 커먼스 (저작자:Jan Michalko/re:publica from Germany/CC BY-SA)>】

드론 택시는 사실 기술적인 측면보다 서비스 측면이 강조된 용어이다. 앞에서 살펴본 플라잉카(Flying Car), PAV(Personal Air

Vehicle) 등의 미래 운송수단을 택시처럼 활용하자는 의미를 담고 있다. 실제 독일의 볼로콥터(Volocopter)가 개발한 '에어택시(Air taxi)'는 두바이, 헬싱키, 독일 및 라스베이거스에서 시험비행을 했고, 싱가포르에서 도심 비행을 시연한 바 있다. 볼로콥터의 2인승 에어택시는 최고 110km/h의 속도로 비행할 수 있고, 항속거리는 약 35km이다. 계획대로 추진되면 2023년경부터 도심 서비스를 제공할 수 있다고 한다.

이항(Ehang, 亿航) 216의 경우 시속 150km의 속도로 30분 간 비행이 가능한데, 이미 중국과 유럽, 미국에서 판매되고 있다. 이항은 교통체증이 심한 해외 도시로 드론 택시를 확산시킨다는 계획이며, 2023년부터 중국 광저우시에서 상용서비스를 시행할 계획이다. 이항은 2014년 설립되었으며, 본사는 중국 광둥성 광저우시이고 산업용 로봇 제조, 드론 택시 사업 등을 주력하고 있다. 2016년에는 세계 최초의 유인 드론 이항(Ehang, 亿航) 184를 개발한 바 있다.

【이항(Ehang, 亿航)의 184 <출처: 위키미디어 커먼스 (저작자:Ben Smith / CC BY)>】

워크호스(Workhorse) 미국 오하이오주 신시내티에 본사를 두고 있으며, SureFly 모델은 독립적으로 구동되는 8개의 프로펠러를 비행에 사용한다.

【워크호스(Workhorse)의 SureFly 250 <출처 : 위키미디어 커먼즈 (저작자:Bokenoet / CC BY-SA)>】

도심에서 항공기를 택시처럼 사용하려면 활주로 없이 수직 이착륙이 가능해야 한다. 그런데 수직 이착륙이 가능한 기존의 헬리콥터는 비싸고 유지보수 비용이 많이 들며, 소음과 덩치 때문에 도심에서 쉽게 뜨고 내리기 어렵다.

이에 PAV가 주목받고 있는 것인데, 택시처럼 한 번에 1~2명만 태우고 가까운 거리를 이동할 때는 굳이 큰 헬기가 필요 없는 것이다. 만약 '소수의 승객과 약간의 화물을 빠르게 운송해야 한다면', '응급환자를 한시라도 빨리 병원으로 후송해야 한다면', '꽉 막힌 도심에서 공항으로 급하게 이동해야 한다면' PAV의 활용도가 매우 높을 것으로 전망된다.

현재까지 개발 중인 PAV는 대부분 항속거리가 300~400km를 넘지 못한다. 더 멀리 가려면 배터리 무게가 급증해서 차라리 기존의 내연기관 항공기를 사용하는 편이 유리할 것이다. 도심에서 사용하는 드론 택시는 수십 km만 비행해도 되니까 배터리 무게가 줄어들고, 속도도 그렇게 빠를 필요가 없다. 저자는 향후 PAV 대량 생산이 가능해지면, 드론 택시 탑승 요금을 기존 택시의 2~3배 수준까지 낮출 수 있을 것으로 기대한다.

5) 킬러드론(Killer Drone)

2020년 1월 3일, 새해 벽두부터 충격적인 소식이 날아들었다. 이라크를 방문한 이란군 사령관 거셈 솔레이마니(Qasem Suleimani)가 바그다드 공항에서 미국의 드론 공격으로 암살된 것이다. 소위 킬러드론이 정밀타격무기로 사용될 수 있음을 전 세계에 각인시켰고, 미국-이란 사이의 갈등이 점화된 순간이었다.

주요 국가의 킬러드론 현황에 대해 살펴보자.

⦿ 미국

미국 육군이 1917년 개발된 스페리 에어리얼 토페도(Sperry Aerial Torpedo)가 드론 무기의 첫 사례로 꼽힌다. 당시 100kg이 넘는 폭탄을 실어나르는 임무를 수행했다. 1차 세계대전에서 처음 사용된 공수 어뢰로, 무인기가 폭탄을 싣고 목표물에 떨어지면 기능이 종료되는 1회용 기체 형태였다.

미국은 2001년 9.11테러 이후 본격적으로 군사용 드론을 전장에서 활용하기 시작했고, 정찰뿐 아니라 직접 미사일을 장착하여 적군을 타격하는 목적으로 운용해 왔다.

미국의 군사용 드론 시장은 록히드 마틴(Lockheed Martin), 노스롭 그루먼(Northrop Grumman), 보잉(Boeing) 등의 항공 완제기社 및 제네럴 아토믹스(General Atomics) 등 소수의 군사용 무기 개발 기업들이 선점하고 있으며 대당 가격이 최소 수억 원에서 천억 원에 달한다.

드론명	글로벌 호크 (Global Hawk)	프레데터(Predator)
제조사	노스럽 그루먼 (Northrop Grumman)	제네럴 아토믹스 (General Atomics)
대당가격	2억달러 (약 2천 4백억원)	4백만 달러 (약 50억원)
특징	정찰용 고고도 장시간 체공 무인 항공기로 정찰 대상 지역에서 최대 36시간 체류하며 고해상도의 영상 촬영	중고도 장시간 체공 무인기로 미사일 장착이 가능하여 아프가니스탄 전쟁에서는 정확하게 적군 목표지점을 타격하는 핵심전력으로 활용

【미국의 대표적 군사용 드론 <출처 : 드론 주요시장 보고서, 2019.12.19. KOTRA>】

【글로벌 호크(Global Hawk) <출처: 위키미디어 커먼스 (저작자:U.S. Air Force photo by Bobbi Zapka / Public domain)>】

미국의 대표적인 군수기업 중 하나인 제너럴 아토믹스는 1955년 설립되었으며, 원자로 및 항공기를 주력으로 생산하는 기업이다. 군

수용 드론은 제너럴 아토믹스의 자회사인 제너럴 아토믹스 에어로노티컬 시스템(General Atomics Aeronautical Systems)에서 개발 및 생산하는데, 무인 드론 MQ-1 프레데터(Predator)에 미사일을 장착해 2001년 최초의 무인 공격기 실전 기록을 세웠다. 이후 지속적인 기술개발로 합동 직격탄의 장착이 가능한 대형 드론 MQ-9을 제작하기도 하였으며, MQ-9 모델에 스텔스 기능을 탑재한 어벤져를 탄생시켰다.

업체명	제너럴 아토믹스 (General Atomics)	본 사	미국 캘리포니아주 샌디에이고
설립연도	1995년	홈페이지	ga.com
직원수	15,000명		
사업영역	◉ GNAT ◉ MQ-1 프레데터(Predator) / MQ-1C Gray Eagle ◉ MQ-9 리퍼(Reaper)		

【제너럴 아토믹스(General Atomics) 개요】

MQ-1 프레데터(Predator)는 1994년에 초도 비행을 하였으며, 1995년부터 중-저고도 정찰기로 실전 배치가 시작되었다. 2001년에는 헬파이어 장착 등의 과정을 거쳐 공격기로 개량이 이루어졌으며, 이후 지속적인 개량을 통해 다목적기로 전환되었다. 2011년까지 268대의 생산이 이루어졌는데, 주 고객으로는 미군 및 미국의 주요 동맹국이며 미 정보국 또한 프레데터를 도입하여 국경 단속 및 마약 거래 단속 용도로 사용 중이라고 한다. 프레데터는 101마력 4실린더 엔진을 사용하며, 한 번의 주유로 프레데터의 최대 비행 고도인 7,600미터 내에서 1250킬로미터 또는 24시간의 비행이 가능하다. 프레데터의 탑재 장비는 사용 목적에 따라 상이하나, Colour TX, IR

【MQ-1 프레데터(Predator)<출처: 위키미디어 커먼스 (저작자:U.S. Air Force photo/Lt Col Leslie Pratt / Public domain)>】

Camera, ECM/ESM, Target Indicator, 통신 장비 및 헬파이어, 스팅어, 그리핀 미사일 등의 탑재가 가능하다.

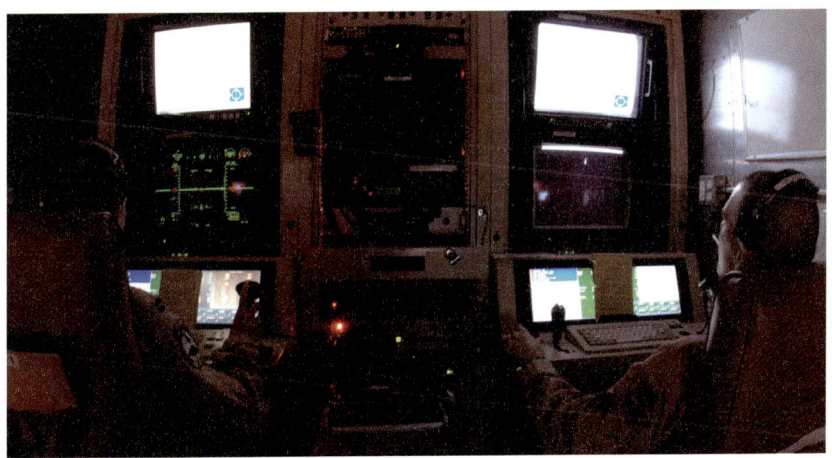

【MQ-1 프레데터(Predator) 조종사<출처: 위키미디어 커먼스 (저작자:United States Air Force photo by Airman 1st Class Chad Kellum / Public domain)>】

MQ-9 리퍼(Reaper)는 원래 프레데터 B(Predator B)라고 불렸고, 장시간, 고고도 체공을 하는 최초의 잠수함 공격용의 hunter-killer 무인항공기이다. 최대이륙중량 1톤, 최대고도 10km이었던 MQ-1 프레데터를 4.7톤, 15km로 크게 개조한 것이다. MQ-9 리퍼는 950마력의 엔진을 사용하고, MQ-1 프레데터의 115마력 엔진보다 8배 이상의 고출력이다. 이러한 고출력은 15배 더 무거운 무장을 가능하게 하며, 순항속도를 3배 더 빠르게 한다.

【MQ-9 리퍼(Reaper)<출처 : 위키미디어 커먼스 (저작자:Air National Guard / CC BY-SA)>】

미국이 이란군 사령관 거셈 솔레이마니(Qasem Suleimani)를 바그다드 공항에서 암살한 드론이 바로 MQ-9 리퍼(Reaper)이다. 비밀 정보원과 통신 감청, 첩보 위성 등을 모두 동원하여 동선을 확인한 후, MQ-9 리퍼(Reaper)를 통해 암살을 실행했다.

◉ 중국

　중국의 경우에는 1960년대부터 군사용 드론을 개발하기 시작하였고, 2018년 시장 규모가 약 88억 위안으로 추산된다. 중국 군사용 드론은 주로 정부 지원 국유기업, 대학, 민찬쥔(民参军)이라고 하는 승인된 군납 업체에 의해 연구 개발되고 있는데, 중국 정부 국무원에서 직접 관리를 하는 국영 방산업체인 쥔공그룹(军工集团)의 산하 기관인 항티엔커지그룹(航天科技集团航天气动院), 중항공예청두페이지설계연구원(中航工业成都飞机设计研究所) 등이 있다. 관련 대학으로는 베이징항콩항티엔대학(北京航空航天大学), 항티엔티엔커공산위엔(航天科工三院) 등이 있고, 민찬쥔(民参军)이라고 하는 승인된 군납업체는 종선동리(宗申动力), 베이팡티엔투(北方天途) 등이다.

분류	군사용 드론 연구개발 및 생산 기관
쥔공그룹 (국영방산업체) (军工集团)	航天科技集团航天气动院
	中航工业成都飞机设计研究所
	中航工业沈阳飞机设计研究所
	中航工业贵州飞机有限公司
	航天科工三院
대학교 (高校机构)	北京航空航天大学
	西北工业大学
	南京航空航天大学

Ⅱ. 드론이 4차 산업혁명 상징기술이라고요?

민찬쥔/ 민간군납업체 (民参军 无人机企业)	宗申动力
	北方天途

【중국 주요 군사용 드론 제조 기업<출처: 드론 주요시장 보고서, 2019.12.19., KOTRA>】

　　중국 군사용 드론산업 발전은 비교적 늦게 시작되었지만, 2000년대 들어서 고성능 군사용 드론을 여러 국가에 수출하고 있다. 군사용 드론 주요 수출 국가로는 파키스탄(31%), 이집트(28%), 미얀먀(18%), 나이지리아(8%), 이라크(6%), 사우디아라비아(6%) 등이 있으며, 주요 수출 모델로는 차이훙-3(彩虹-3)(44.3%), ASN-209(20.5%), 이룽-1(翼龙-1)(18.2%), 차이훙-4(彩虹-4)(9.1%) 등이 있다.

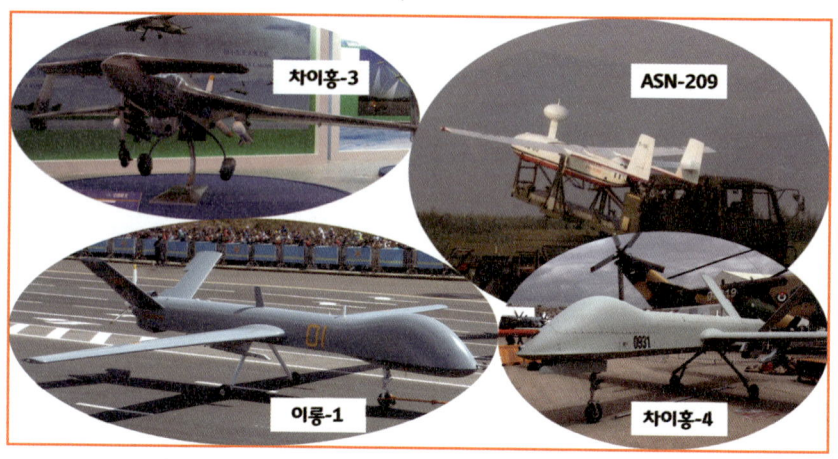

　　특히 미국의 MQ-9 리퍼(Reaper)에 대응하기 위해 차이훙-4(彩虹-4), 차이훙-5(彩虹-5) 등의 정찰 타격 드론을 개발하여 매년 200여 대를 수출하고 있다고 한다. 차이훙-4(彩虹-4)는 길이 8.5m, 날개 너비 28m, 무게 1.3t, 미사일 4발을 탑재한다. 무장은 최대 345kg이

가능한데, 최고속도는 시속 235km이며 체공 시간은 최장 40시간이다. 차이홍-5(彩虹-5)는 미사일 6발을 탑재하고 30시간 이상 비행한다. 차이홍과 이룽 모두 외형이 미국 프레데터(Predator) 시리즈와 유사하지만 가격 경쟁력이 좋아 수출 증가세를 보이고 있다.

◉ 러시아

러시아의 경우 2010년부터 군사용 드론 개발을 본격화하였으며, 2019년 4월 기준으로 러시아군이 활용 중인 드론은 2,000대 이상으로 추정된다. 2019년 국방부의 드론 구입 예산은 3억 9,600만 루블 수준이다.

특이한 점은 러시아가 시리아 주재 군사 기지에서 드론을 주로 활용했던 것인데, 시리아에서의 무장 충돌을 일명 '쿼드로콥터 전쟁'이라 부를 정도로 군사작전에 드론이 많이 사용되었다. 실제 2018년 7월 기준으로 시리아에서의 드론 비행 횟수는 2만 3,000회, 비행시간은 14만 시간에 이른다. 2018년 8월에는 시리아에서의 군사작전 경험을 활용하여 드론 전문 부대가 러시아 남부군에 창설되고, 볼고그라드 공항에서 드론 부대의 특별 전술 훈련이 진행된 바 있다. 러시아는 시리아에서의 전투 경험으로 군사용 드론의 필요성을 인식하게 되었고, 이제 드론 없이는 작전 수행이 불가능한 수준에 도달하였다.

러시아군은 전투는 물론 시설 보안, 정찰, 전략 미사일 보호에 이르기까지 군 관련 대부분 영역에서 드론을 활용하는데, 초기에는 주로 정찰업무 수행에 드론을 투입하였고 점차 활용 범위를 확대하여 육상, 해상, 공군에서 군 전술을 변경하기에 이르렀다.

러시아군이 사용하는 드론은 정찰용 중소형이 주류인데, 러시아 지상군이 주로 사용하는 드론은 Orlan-10으로 정찰 및 포병 활동에 매우 중요한 도구로 활용되고 있다.

AK-47 자동소총으로 유명한 러시아의 칼라슈니코프(Kalashnikov)

그룹은 2019년 자폭 드론 'KUB-UAV'를 처음으로 선보인 바 있는데, 크기는 작지만, 2.7kg의 폭발물을 탑재해 시속 129km로 30분 동안 비행할 수 있는 성능을 갖춰 주목받았다. 작은 크기에 가격경쟁력도 좋은 'KUB-UAV'는 반경 60km 이내 목표물을 정밀 타격할 수 있다.

칼라슈니코프(Kalashnikov) 그룹의 자회사인 ZALA Aero에서도 자폭 드론 '란쩨뜨'를 공개하였는데, 란쩨뜨는 양날 끝이 뾰족한 외과용 칼을 뜻한다. 란쩨뜨는 무게 3kg의 탄두를 가진 드론으로 최대 이륙 중량이 12kg이며, 한 번에 40분간 비행하면서 임무를 수행할 수 있다. 시속 110km으로 비행하며 반경 40km 이내의 목표물을 타격할 수 있다.

【Orlan-10 <출처: 위키미디어 커먼스 (저작자:Mil.ru / CC BY)>】

3. 주요 국가별 드론 산업 현황(민간부문 중심)

1) 미국

미국 민간용 드론 시장 규모는 2018년 약 40억 달러(USD $4B)로 세계 민간용 드론 시장의 약 28%를 차지하며 2024년에는 약 105억 달러(USD $10.5B) 규모까지 성장할 전망이다. 이중 상업용 드론 시장의 규모는 2018년 약 34억 달러(USD $3.4B)로 개인용 드론 시장(6억 불, USD $0.6B)의 5배가 넘으며 2024년에는 약 99억 달러(USD $9.9B)에 달할 전망이다. 개인용 드론 시장 규모는 2018년 약 6억 달러(USD $0.6B) 수준이며 상대적으로 성장 폭이 더딜 전망이다.

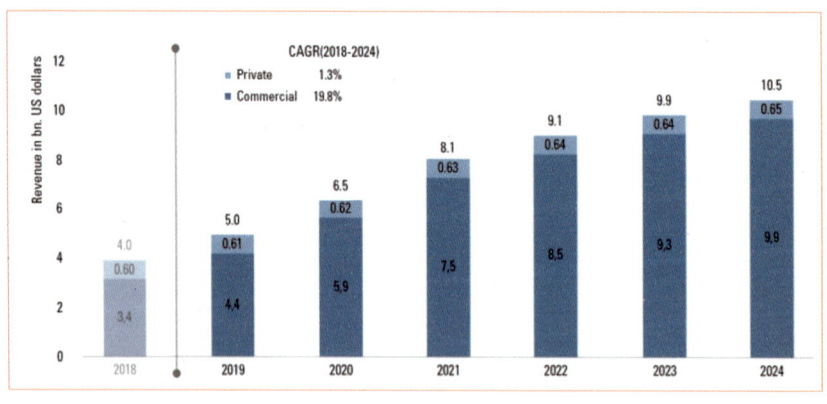

【미국 드론 시장 규모 (개인용/상업용) (2018년~2024년) <출처: 드론 주요시장 보고서, 2019. 12. 19. KOTRA>】

미국은 2013년 세계 최대의 전자상거래 업체인 아마존(Amazon)이 드론으로 제품을 배송하는 아마존 프라임 에어 서비스의 계획을 발표하여 일반인들도 드론 서비스에 관심을 갖게 되는 계기를 만들었고, 드론 관련 스타트업(start-up)들이 잇달아 펀딩에 성공하면서 드론산업 생태계가 빠르게 성장했다.

미국 드론산업의 성장은 정부 주도보다는 민간부문에서 벤처캐피탈 및 드론에 관심이 있는 일반기업들의 자발적이고 적극적인 투자, 활발한 M&A, 파트너십 활동에 기인하였다. 그러나 2012년 중국 DJI의 팬텀 출시 이후 민간용 드론 분야, 특히 취미용 드론 부문에서 DJI의 독주체제가 지속 되면서 드론 기체 기술력 및 가격 경쟁력에서 뒤쳐진 미국 주요 업체들이 드론 제조를 포기하고 개인용 드론 분야에서 철수하거나 폐업하는 사례가 증가하였다.

미국 최대 드론 업체로 주목받았던 3DR은 취미용 드론 솔로(Solo)가 시장에서 참패하면서 2016년 개인용 드론 생산 중단을 발표하였고, 상업용 소프트웨어 개발을 통한 서비스 제공에 집중하였다. 2015년 1,400만 달러(USD $14M)의 투자를 받았던 릴리 로보틱스(Lily Robotics)는 비용 문제 등으로 제품을 출시하지도 못한 채 폐업하며 충격을 주었다. 이외에도 미국 드론 스타트업(start-up) 에어웨어(Airware)의 2017년 폐업, 고프로(GoPro)의 드론 시장 철수 등 시장 경쟁력을 확보하지 못한 기업들의 사업 포기가 잇따르고 있다. 현재 미국의 드론산업은 중국 기업과의 경쟁에서 이기기 힘든 드론 제조에서 탈피하여 상업용 드론 시장에 특화된 소프트웨어 개발 및 서비스 제공 부문에 집중하고 있다.

드론 제조 관련 변수는 미국 의회가 DJI를 포함한 중국산 드론의 퇴출에 나서고 있다는 점이다. 미국 의회는 2019년 12월, DJI의 제품 사용을 금지하는 내용의 '국방수권법(National Defense Authorization Act)' 제정에 합의했다. 국방수권법은 국가 안보에 위험이 된다고 여기는 외국 기업에 경제 제재를 가하는 것이 골자인데, 미국은 DJI를 포함한 중국산 드론이 중국 정부의 CCTV(Closed-Circuit Television) 역할을 할 것이라는 우려를 가지고 있다. 드론으로 촬영된 사진이나 영상이 백도어(Back door, 비밀통로)를 통해 중국으로 넘어갈 수 있음을 우려하는 것이다. 미·중 무역협정과 연계하여 미국 드론산업의 주요 변수이다.

미국의 상업용 드론 시장은 드론 기체 및 부품을 제작하는 하드웨어, 드론을 제어하는 소프트웨어, 그리고 드론 관련된 다양한 서비스를 제공하는 서비스 분야로 나눌 수 있다. 드론 하드웨어 부문은 드론 기체를 만드는 드론 제작 및 종합 솔루션 업체, 드론에 들어가는 카메라 센서 등 특정 부품 및 시스템 개발 업체, 드론 택시와 같은 유인 드론 개발사, 그리고 불법 침입 드론을 무력화시키는 안티 드론 시스템 개발사로 구분한다.

드론 소프트웨어 부문은 드론의 항공관제 관리 툴을 제공하는 UTM(Unmanned Aircraft Traffic Management, 드론 항공교통관제) 소프트웨어 개발사, 비행계획 수립, 자율비행 기술 등 관련 소프트웨어를 개발하는 비행 소프트웨어 개발사, 수집된 데이터를 기업이 원하는 결과물로 만들어주는 데이터 분석 툴 개발사로 구분한다.

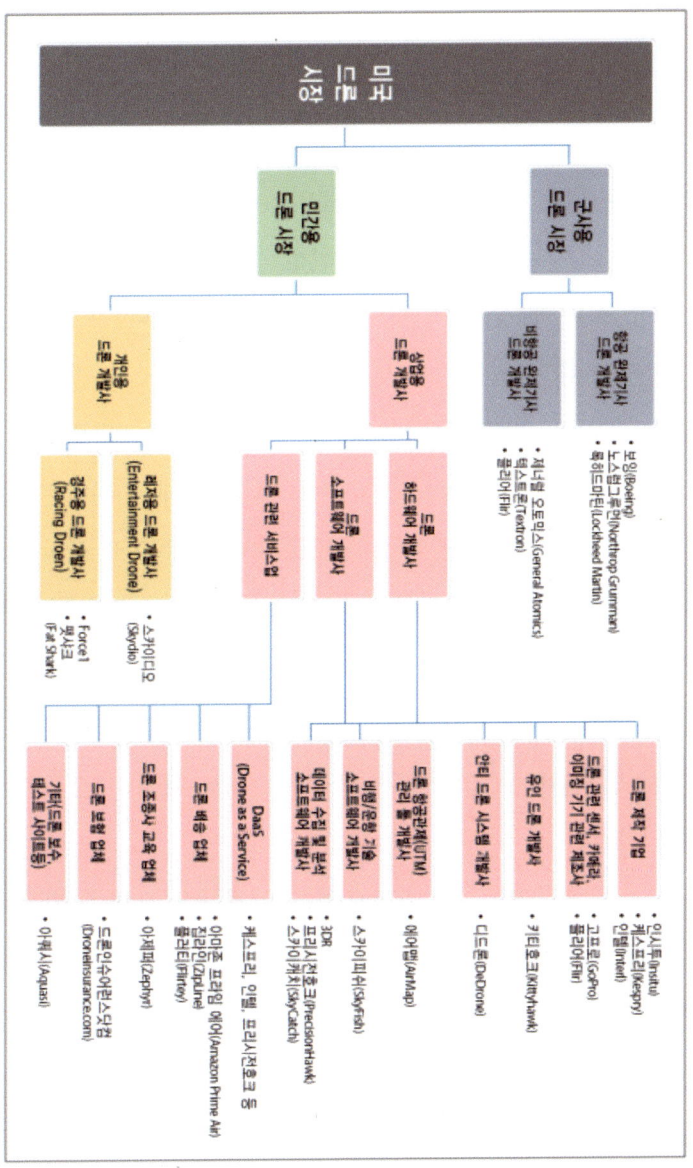

【미국 드론 시장 구성 및 주요 업체<출처 : 드론 주요시장 보고서, 2019. 12. 19. KOTRA>】

드론 서비스 부분은 기업들에게 드론을 활용한 종합 서비스를 제공하고 수입을 얻는 DaaS(Drone as a Service), 드론을 활용한 제품/의약품 등을 배송하는 드론 배송업체, 드론 조종사 교육 업체, 드론 보험 업체, 드론 보수업체 등이 있다.

미국의 상업용 드론 소프트웨어, 하드웨어, 서비스 분야 중 가장 큰 비중을 차지하는 부문은 서비스 분야이다. 드론을 활용하여 건설업, 농업, 광업, 에너지 기업들에 정밀한 측량, 지도작성, 건물 유지 보수를 위한 조사, 배송 등의 서비스 일체를 제공한다. 2018년 기준 미국 드론 시장 내 상업용 '서비스' 부문 시장 규모는 약 34억 달러(USD $3.4B)로 2024년에는 약 79억 달러(USD $7.9B) 수준까지 성장할 전망이다. 그중에도 가장 빠른 성장이 예상되는 분야는 배송 서비스이며, 글로벌 시장 기준 연평균 40% 수준으로 성장할 전망이다. 미국 상업용 드론 하드웨어 시장은 2018년 3.7억 달러(USD $0.37B), 드론 소프트웨어 시장은 약 1.1억 달러(USD $0.11B) 규모로 추정되며 향후 미국 상업용 드론 하드웨어 시장은 연평균 26.9% 성장하여 2024년에는 15억 달러(USD $1.5B) 대의 시장을 형성할 것으로 예상된다.

미국의 드론 하드웨어 및 소프트웨어 업체들은 드론을 활용한 측량, 조사 등의 서비스를 원하는 기업 고객에게 비행계획 수립부터 드론 관제 상황의 확인, 드론의 대여 및 드론 조종, 이미지 촬영 및 데이터 관리, 분석 및 통찰력 제공, 비행 기록 관리 등 원스톱 솔루션을 제공하는 DaaS(Drone as a Service) 기업으로 진화해 가고 있다.

3DR의 경우, 드론 비행 및 임무수행 소프트웨어 플랫폼인 사이트

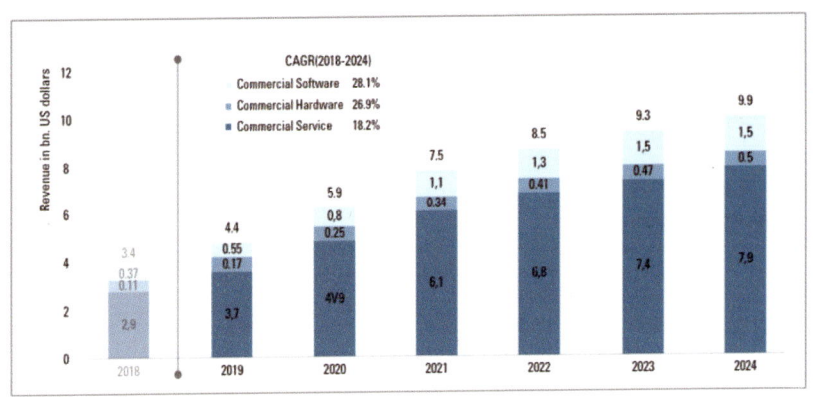

【미국 상업용 드론 부문별 시장 규모 (2018년~2024년)<출처: 드론 주요시장 보고서, 2019. 12. 19. KOTRA>】

스캔(Site Scan)을 바탕으로 건설업 관련 기업들과 정부 기관 등에 드론 비행, 촬영, 데이터 분석 작업을 모두 대행해 주는 솔루션 판매에 집중하고 있다. 케스프리(Kespry)는 기업 고객들에게 촬영된 이미지를 분석하여 비축량 등을 측정할 수 있는 소프트웨어를 개발하는 기업으로 출발하였으나, 현재는 비행계획부터 분석까지 전 과정을 원스톱으로 제공하는 종합 서비스 기업으로 사업을 확장하고 있다. 인시투(Insitu), 인텔(Intel), 프리시전호크(PrecisionHawk), 스카이피쉬(Skyfish), 스카이캐치(Skycatch) 등 미국 내 주요 드론 제조 기업 및 소프트웨어 개발사들 역시 부가가치가 큰 기업 고객을 대상으로 한 다양한 드론 종합 솔루션 패키지를 제공하는 DaaS 사업 개발에 집중하고 있다.

미국의 상업용 드론 시장의 주요 업체별 현황을 살펴보면, 먼저 3DR은 2009년 설립되었으며 미국의 캘리포니아 버클리에 소재하고 있다. 드론 기체개발을 포기한 후 토목, 건축 등에 활용 가능한 측정, 맵핑 등을 위한 상업용 드론 소프트웨어 개발에 집중하고 있다.

업 체 명	3DR (3D Robotics)	본 사	미국 캘리포니아 버클리
설립연도	2009년	홈페이지	3dr.com
직 원 수	160명		
사업영역	• Site Scan Platform (드론 비행 및 임무수행 소프트웨어 플랫폼) • 3D H520-G (3DR 자체 제작 드론)		

【3DR (3D Robotics) 개요 <출처: 드론 주요시장 보고서, 2019.12.19., KOTRA>】

드론 종합 솔루션 제공 기업인 케스프리(Kespry)는 2013년 설립되었으며, 미국 캘리포니아 멘로파크에 소재하고 있다. 측량계획(Site Planning), 재고관리(Inventory Management), 구조물 검사(Inspection), 열화상감지(Thermal) 등의 서비스를 제공하며, 고객이 직접 드론을 구매하거나 드론 조종사를 채용하지 않아도 무방하도록 다양한 서비스를 제공한다.

업 체 명	케스프리 (Kespry)	본 사	미국 캘리포니아 멘로파크
설립연도	2013년	홈페이지	kespry.com
직 원 수	75명		
사업영역	• 드론 하드웨어: 케스프리 드론 • 드론 종합 솔루션 소프트웨어: Earthwork Solution		

【케스프리(Kespry) 개요 <출처: 드론 주요시장 보고서, 2019.12.19., KOTRA>】

인시투(Insitu)는 1994년 설립되었으며, 미국 워싱턴주 빙겐에 소재하고 있다. 항공기 회사인 보잉(Boeing)이 100% 지분을 보유한 무인기 제조 계열사이며 설립 당시 장거리 날씨 측정용 비행기구를 개발하는 업체로 시작했으나 2003년 이라크 전쟁 발발 후 군사용 드론 개발에 집중하고 있다. 주요 제품은 원거리 장시간 비행 및 정밀 정찰이 가능한 고정익 드론 제품이다.

업 체 명	인시투 (Insitu)	본 사	미국 워싱턴 주 빙겐
설립연도	1994년	홈페이지	insitu.com
직 원 수	1,100명	매 출 액	USD 603M (2018)

사업영역	• 군사용 드론
	  − 스캔이글 시리즈
	  − RQ-21A Blackjack
	  − 인테그레이터(Integrator)
	• 군사용 비행 소프트웨어 플랫폼
	• 상업용 드론 종합 솔루션		

【인시투(Insitu) 개요 <출처: 드론 주요시장 보고서, 2019.12.19., KOTRA>】

인텔(Intel)은 1968년 설립되었으며, 미국 캘리포니아 산타클라라에 소재하고 있다. 인텔(Intel)은 CES 2015에서 자사의 리얼센스(RealSense) 기능을 적용한 드론을 선보였는데, 컴퓨터가 고화질의 카메라와 적외선 센서 등을 이용하여 주변 사물을 3차원으로 인식하는 기술이다. 이를 통해 안면인식 보안 시스템의 개발이나 드론 비행 중 장애물 회피 기능 등이 가능하다. 인텔(Intel)은 2018년 평창 동계 올림픽 개막식에서 인텔 슈팅스타 드론 1,218대를 활용하는 드론

업 체 명	인텔 (Intel)	본 사	미국 캘리포니아 산타클라라
설립연도	1968년	홈페이지	intel.com
직 원 수	107,100명	매 출 액	USD 70.8B (2018)

사업영역	• 드론 하드웨어:
	  − 인텔 팔콘 8+ 드론 (멀티로터)
	  − 인텔 시리우스 프로 (Sirius Pro) 드론 (고정익)
	• 드론 소프트웨어 솔루션:
	  − 인텔 미션 컨트롤 소프트웨어
	  − MAVinci 데스트탑 소프트웨어		

【인텔(Intel) 개요 <출처: 드론 주요시장 보고서, 2019.12.19., KOTRA>】

쇼를 선보여 큰 관심을 모았다. 드론을 신성장 사업 기회로 보고 있으

며, 2014년부터 적극적으로 드론 관련 기업에 투자하여 드론 사업에 필요한 기술을 확보하고 있다.

드론 비행, 내비게이션, 매핑(Mapping) 등의 솔루션 개발 기업인 스카이피쉬(Skyfish)는 2014년 설립되었으며, 미국 캘리포니아 마운틴 뷰에 소재하고 있다.

업 체 명	스카이피쉬 (Skyfish)	본 사	미국 캘리포니아 마운틴 뷰
설립연도	2014년	홈페이지	skyfish.ai
사업영역	• SkyNode: 드론 관련 센서/ 디바이스를 통합 연결해 주는 소형 컴퓨터 • SkyControl: 드론 비행 계획 소프트웨어 • Smart Gimbal: SkyNode와 센서/카메라를 연결해주는 짐벌 • Skyfish M6: 스카이피쉬의 드론		

[스카이피쉬(Skyfish) 개요 <출처: 드론 주요시장 보고서, 2019.12.19., KOTRA>]

드론 데이터 분석 소프트웨어 기업인 프리시전호크(PrecisionHawk)는 2011년 설립되었으며, 미국 노스캐롤라이나 롤리에 소재하고 있다. 드론 하드웨어, 센서 및 촬영 정보 분석 패키지를 제공하는 종합 드론 솔루션 기업으로 농업 분야에 강점을 가지고 있다.

업 체 명	프리시전호크 (Precisionhawk)	본 사	미국 노스캐롤라이나 롤리
설립연도	2011년	홈페이지	precisionhawk.com
직 원 수	154명		
사업영역	• PrecisionAnalytics (인공지능 기반의 항공 데이터 분석툴) • PrecisionMapper (전문 맵핑 소프트웨어) • PrecisionFlight Pro (자동비행 소프트웨어)		

드론 데이터 분석 소프트웨어 기업인 스카이캐치(Skycatch)는

2013년 설립되었으며, 미국 캘리포니아 샌프란시스코에 소재하고 있다. 사업 초기 드론 플랫폼 비즈니스를 시도한 바 있어 저자가 주시하는 기업이다.

업 체 명	스카이 캐치 (Skycatch)	본 사	미국 캘리포니아 샌프란시스코
설립연도	2013년	홈페이지	skycatch.com
직 원 수	100명		
사업영역	High Precision Package • 익스플로1 드론 (Explore1 Drone) • 엣지1베이스 스테이션 (Edge1 Base Station) • 데이터 뷰어 (Data Viewer)		

【스카이캐치(Skycatch) 개요 <출처: 드론 주요시장 보고서, 2019.12.19., KOTRA>】

드론 항공관제 시스템(UTM, Unmanned Aircraft System Traffic Management) 기업인 에어맵(AirMap)은 2015년도에 설립되었으며, 미국 캘리포니아 산타모니카에 소재하고 있다. 드론 개발사와 드론 조종사들이 비행항로에서 안전하게 운행할 수 있도록 지역별 비행 조건 및 영공 규정 제공 서비스를 시행하고 있다. 125개가 넘는 공항이 에어맵의 에어패스 공역 관리 대시 보드 시스템을 사용하고, 전 세계 드론의 85% 이상이 에어맵의 오픈 플랫폼을 사용하고 있다.

업 체 명	에어맵 (AirMap)	본 사	미국 캘리포니아 산타모니카
설립연도	2015년	홈페이지	airmap.com
사업영역	PC및 모바일 용 AirMap app		

【에어맵(AirMap) 개요】

미국 상업용 드론은 2018년 기준으로 총 8만 7천 대 판매되었으며, 연평균 27.1% 성장하여 2024년 판매량이 36만 8천 대에 이를 전망이다. 미국 개인용 드론은 2018년 기준으로 약 123만 대가 판매되었으며 연평균 4% 성장하여 2024년 판매량이 약 156만 대로 전망된다.

마지막으로 미국 상업용 드론 시장의 성장 트렌드를 요약한다.

첫째, 인공지능 활용이다. 인공지능 기술을 통해 임무 및 지역, 조사 대상물을 지정하면 드론이 스스로 최적의 비행경로로 비행하면서 장애물을 회피하고 이미지를 수집하고 분석한다. 또한, 수작업으로 수행하던 데이터 분석 및 인사이트 도출 등도 인공지능이 더 빠르고 정확하게 수행한다.

둘째, 5G 및 사물인터넷과의 접목이다. 드론과 인터넷, 혹은 드론과 타 디바이스들이 자유롭게 통신하게 됨으로써 비가시권 장거리 비행이 가능해진다. 송전탑이나 철도 검사 등 장거리 구조물들을 빠르고 정확하게 점검하고, 고용량의 데이터를 다른 기기에 직접 실시간 전송하여 더 빠르고 정확한 분석이 실시간으로 가능해진다.

셋째, DaaS(Drone as a Service) 확대이다. 미국의 드론 관련 기업들은 단순히 드론 기체나 소프트웨어를 판매하는 단계를 지나 드론을 활용하여 기업 고객이 문제를 해결하고 만족할 만한 결과를 도출

해 낼 수 있도록 컨설팅부터 비행계획 수립, 촬영 및 데이터 분석까지 모든 서비스를 하나의 패키지로 제공하는 종합 솔루션 사업자로 변모 중이다. 특히 고객의 요구에 맞는 다양한 서비스 옵션을 준비해 월별로 고객에게 서비스 비용을 청구하는 서브스크립션 형태의 드론 서비스들이 나타나고 있다.

넷째, 산업별 전문화이다. 산업별로 특화된 데이터 분석툴이나 구조물 검사 등 특화된 서비스를 제공하며 전문성을 강화한다. 인시투(Insitu)는 원거리를 장시간 빠르게 비행하는 자사의 고정익 드론을 활용하여 극지방이나 해양에서 필요한 조사를 수행하는 등의 임무에 특화된 서비스를 제공하고, 프리시전호크(PrecisionHawk)의 경우 열적외선, 다중 스펙트럼, 초분광센서, 라이더(LiDAR) 등 다양한 센서가 탑재된 드론 및 자사만의 데이터 분석 플랫폼을 개발하여 정밀농업에 특화된 솔루션을 제공한다.

2) 중국

중국은 DJI, 이항(Ehang, 亿航) 등의 성공으로 세계 최대의 소형 드론 생산기지(90%, 2016년 기준)를 공고히 하고 있다. 2018년 중국 드론 시장 규모는 201억 위안에 달하고, 2019년 5월 기준으로 드론 생산기업은 1,353개, 드론 등록 대수는 330,034대, 등록 이용자 수는 310,218명을 기록했다.

중국도 군사 드론에서 드론산업이 시작하였고, 드론 기술이 성숙 단계에 진입하면서 응용범위가 민간부문으로 빠르게 확대되고 있다. 2015년 중국 드론 시장에서 민간 드론이 차지하는 비중은 10%에 불과하였지만, 2016년부터 민간 드론산업이 빠르게 발전하여 2018년에는 전체 드론산업의 56% 비중을 차지했다. 중국 전역에는 약 1,200개의 드론 관련 기업이 소재하고 있으며 주로 화동(华东)지역 및 선전을 포함한 화남(华南) 지역에 소재한다.

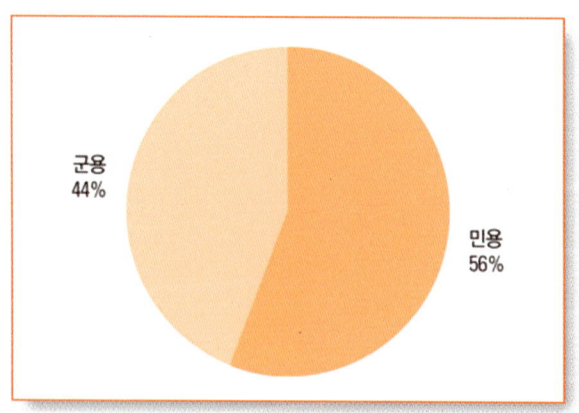

【중국 드론 시장 구조 (2018년 기준)<출처: 드론 주요시장 보고서, 2019.12.19. KOTRA>】

중국의 민간 드론 시장 시장 규모는 2018년 기준으로 전년 대비 98.2% 증가한 112억 위안을 기록했다. 민간 드론은 크게 일반 소비자용 및 산업용으로 나뉘며, 매출액을 기준으로 일반 소비자용이 45.7%를, 산업용이 54.3%를 점유하고 있다.

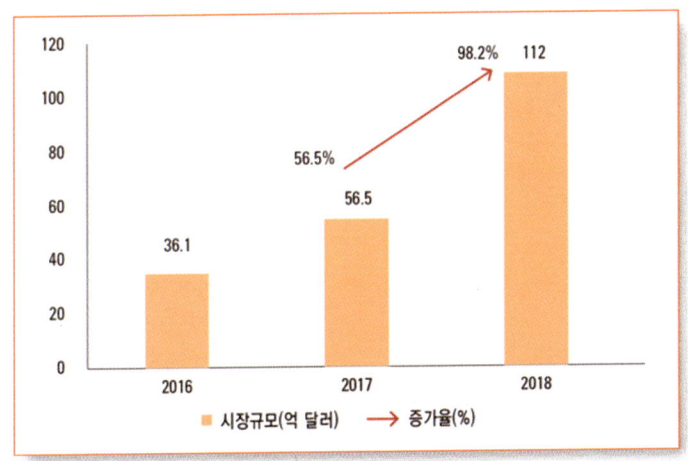

【중국 민간용 드론시장 규모 및 성장률 (2016년~2018년)<출처 : 드론 주요시장 보고서, 2019.12.19. KOTRA>】

일반 소비자용 드론의 경우 대부분 촬영용 드론으로 사용되고 있다. 소비자용 드론의 주요 사용 용도를 살펴보면 약 78.9%가 촬영용으로 사용되고 있으며, 취미용 7.8%, 경주용 6.8%를 차지한다.

주요 소비자용 드론 기업으로는 상업용 드론의 세계 시장점유율 1위 기업인 DJI를 비롯하여, 이항(Ehang, 亿航), 링두즈콩(零度智控) 등이 있다. 2019년 중국 신장에서 개최된 야오안보훼이(亚欧安博会)의 발표 수치에 따르면, 중국 소비자용 드론의 수출량은 120만 대 이상으로 전 세계 수출물량의 70%를 차지한다.

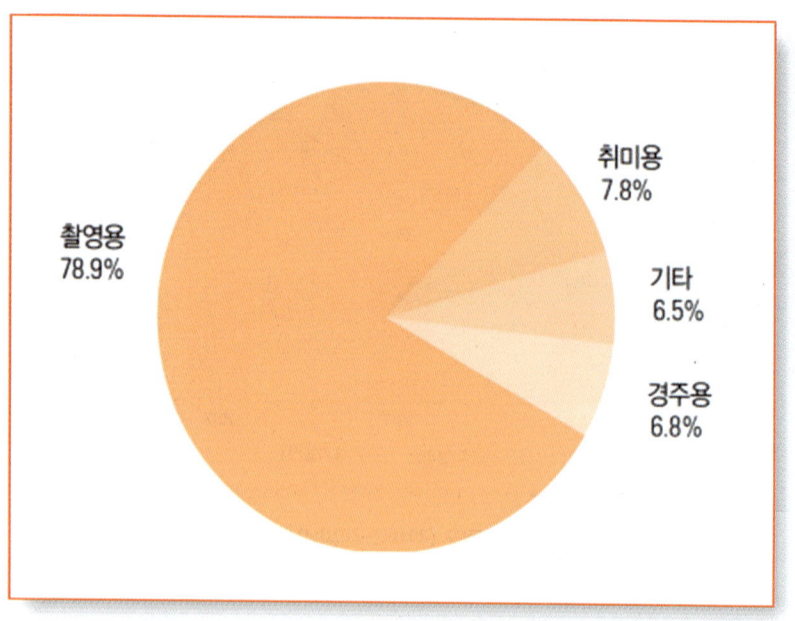

【중국 소비자용 드론 사용 용도 (2018년 기준)<출처 : 드론 주요시장 보고서, 2019.12.19. KOTRA>】

중국 산업용 드론의 사용 용도는 농업, 임업용이 가장 광범위하게 사용되고 있는데 단순 파종과 비료, 농약 살포뿐만 아니라 농업현대화를 위한 정밀농업용으로도 발전하고 있다.

드론 정밀촬영은 영상을 분석하여 농작물의 작황 상태를 파악하고, 투입자원 최소화 및 생산량 최대화를 위해 주로 사용되고 있다.

임업 분야에서는 병해충 및 산불 모니터링에 사용되고 있다. 물류 분야에서는 아직 사용범위가 미미하지만, 드론을 이용한 다양한 배송서비스 운영이 중국을 포함한 세계 각국에서 시도되고 있어 향후 드론 물류 서비스 시장이 크게 성장할 전망이다.

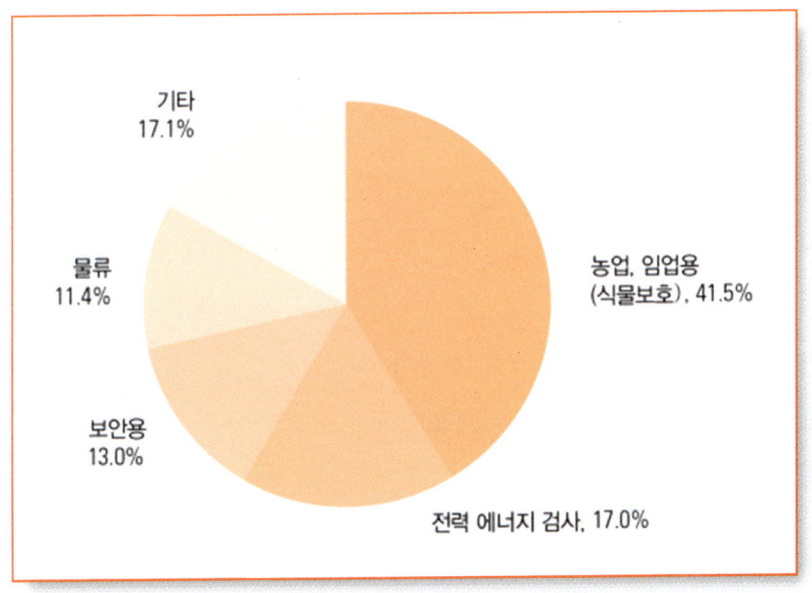

【중국 산업용 드론 사용용도(2018년 기준)<출처 : 드론 주요시장 보고서, 2019.12.19. KOTRA>】

사실 중국은 드론 후발주자임에도 정부의 전폭적인 정책지원하에 빠르게 성장하며, 기존의 선도 기업들을 제치고 세계 민간 드론 시장을 주도하고 있다. 중국 민간 드론 시장은 세분화되어 있고, 다른 기술 및 분야와의 융합을 통해 시장이 더욱 확장되고 있다. 중국 민간 드론 시장의 주요 업체를 살펴보자.

먼저, DJI는 1980년생인 왕타오가 홍콩과기대(HK Unv. Of Science & Technology)를 졸업한 후 대학교수 및 대학 동기들과 2006년 광둥성 선전(深圳, ShenZhen)에 DJI를 설립하였고, 2013년 1월 팬텀 시리즈가 최초로 출시하며 단숨에 세계 최고의 민간 드론 제작업체에 등극하였다. 2014년 전문가용 드론 인스파이어, 2015년 농업용 드론 MG-1, 2016년 소형 드론 매빅 시리즈, 2017년에는 제스처로 컨트롤이 가능한 셀피드론 스파크, 2018년 자사의 짐벌 기능을 활용한 휴대용 스마트폰 짐벌기기인 오즈모 모바일을 각각 출시하며 독주체제를 굳히고 있다. 매빅2 프로는 전후좌우 및 위아래 장애물 감지 센서, 1인치 센서 카메라 등 기존 드론의 장점들이 두루 채택되어 화제가 되었다. 드론 제조 기술과 연구개발 역량, 세련된 디자인, 경쟁력 있는 가격 등으로 경쟁사가 따라오기 힘든 독보적인 위치를 점하고 있으며, 출시하는 제품마다 새로운 표준을 제시하고 있다.

업체명	DJI	본사	중국 광둥성 선전
설립연도	2006년	홈페이지	dji.com
직원수	12,000명 (2018)	매출액	$2.83B (2017)
사업영역	• 드론(소비자용, 산업용) 제조 • 드론 제어 시스템 개발 및 생산 • 드론 솔루션 개발 및 생산 • 안정적인 비행성능, 정지비행기술, 영상촬영 플랫폼 제어 기술 등 핵심기술 보유		

[DJI 개요 <출처: 드론 주요시장 보고서, 2019.12.19., KOTRA>]

이항(Ehang, 亿航)은 2014년 설립되었으며, 중국 광둥성 광저우에 소재하고 있다. 산업용 로봇(물류특화) 제조, 드론 택시 사업에 주력하고 있으며, 2016년에는 세계 최초의 유인드론 Ehang 184를 개발하고, 2019년에는 조종사 없는 드론 택시 Ehang 216(2인승)을 제조한 바 있다.

업 체 명	이항 (Ehang, 亿航)	본 사	중국 광동성 광저우
설립연도	2014년	홈페이지	ehang.com/cn/
사업영역	• 산업용 로봇(물류특화) 제조, 드론 택시 사업 • 2016년 세계 최초 유인드론(EHang184) 개발 • 2019년 세계 최초로 조종사 없는 드론택시 EHang 216 (2인승) 제조		

【이항(Ehang, 亿航) 개요】

ZERO TECH은 2007년 설립되었으며, 중국 베이징에 소재하고 있다. 스마트 비행제품, 스마트 드론 솔루션 공급에 주력하고 있으며, 세계 최초의 양산형 셀피 드론 DOBBY를 제조하였다.

업 체 명	ZERO TECH	본 사	중국 베이징
설립연도	2007년	홈페이지	zerotech.com
사업영역	세계 최초 양산형 셀피 드론 DOBBY 제조		

【ZERO TECH 개요】

커웨이타이(科卫泰, ALLTECH)는 1997년 설립되었으며, 중국 광둥성 선전에 소재하고 있다. 산업용(군사용, 재난재해용, 교통관리용) 드론 제조에 주력하고 있으며, 통신, 무선 동영상 전송 장비 분야 등에서 선도적인 기술을 보유하고 있다.

업 체 명	커웨이타이 (科卫泰, ALLTECH)	본 사	중국 광둥성 선전
설립연도	1997년	홈페이지	en.alltechuav.com/index.html
사업영역	• 산업용 드론(군사용, 재난재해용, 교통관리용)을 전문 생산하고 통신, 무선 동영상 전송 장비 분야에서 선도적인 기술을 갖고 있는 하이테크 기업 • 드론 교육기관 운영, 드론 통제무기 개발 • 한국 두산과 협력하여 수소에너지 활용 산업용 드론 개발		

【커웨이타이(科卫泰, ALLTECH) 개요 <출처: 드론 주요시장 보고서, 2019.12.19., KOTRA>】

지페이(极飞科技, Xaircraft)는 2007년 설립되었으며, 중국 광둥성 광저우에 소재하고 있다. 산업용 드론 제조에 주력하고 있는데, 중국 내 농업용 드론 시장의 점유율이 대략 50%에 이른다. 지페이(极飞科技, Xaircraft)는 농업용 드론 제조뿐만 아니라 농민들을 대상으로 한 드론 교육, 방제작업 교육, 농촌 보험, 농작물 수확 및 가격 예측 시스템 등을 개발하고 있다.

업 체 명	지페이 (极飞科技,Xaircraft)	본 사	중국 광둥성 광저우
설립연도	2007년	홈페이지	xa.com
사업영역	산업용 (물류, 농업 관련) 드론 제조		

【지페이(极飞科技,Xaircraft) 개요】

    PowerVision(臻迪科技)은 2012년 설립되었으며, 중국 베이징에 소재하고 있다. 산업용 로봇 개발에 주력하고 있으며, 낚시용 수중 드론 PowerRay 개발, 드론 및 로봇 관련 솔루션 등을 제공하고 있다.

업 체 명	PowerVision (臻迪科技)	본 사	중국 베이징
설립연도	2012년	홈페이지	powervision.me/kr
사업영역	• 낚시용 수중 드론 PowerRay 개발 • 드론, 로봇 관련 솔루션 제공		

【PowerVision(臻迪科技) 개요】

    Yuneec은 1999년 설립되었으며, 중국 상하이에 소재하고 있다. 유인 항공기 개발, 드론 개발 생산에 주력하고 있으며, 유인 비행기, 무인 비행기, 원격제어 시스템 및 항공 촬영 시스템 등에 핵심기술을 보유하고 있다.

업 체 명	Yuneec	본 사	중국 상하이
설립연도	1999년	홈페이지	yuneec.cn
사업영역	• 유인 항공기 개발 • 드론 개발 • 유인 비행기, 무인 비행기, 원격제어 시스템 등에 핵심기술 보유		

【Yuneec 개요】

    중국의 드론산업은 가치사슬이 탄탄한데, 크게 연구개발, 생산, 판매, A/S 등으로 나눠질 수 있다.

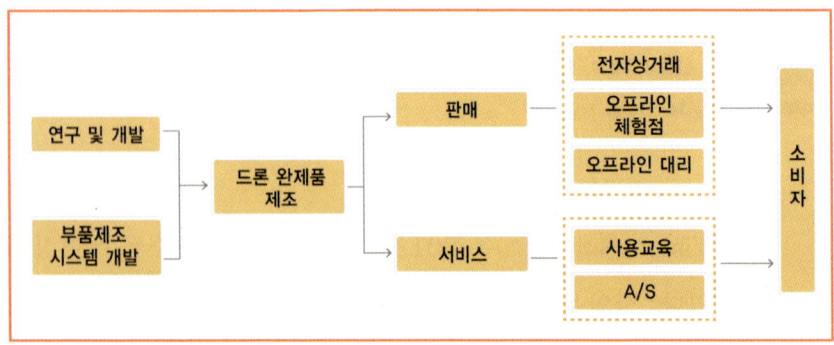

【중국 드론산업 밸류체인<출처: 드론 주요시장 보고서, 2019.12.19. KOTRA>】

중국의 드론산업 가치사슬별 주요 기업을 소개한다. 먼저, 주요 프레임 생산기업은 아래와 같다.

【중국 드론 기업 SMD의 공장】

NO	기업명	홈페이지
1	东莞天石达	http://www.szjrd.cn/
2	无锡威盛	http://www.tanxw.com/
3	淄博朗达	http://www.langdicfrp.com/

4	深圳康恒	http://3319583.shop.52bjw.cn/
5	深圳诺迪	www.likuso.com/city328/1672032.html
6	深圳赛朗格	https://salange.cn.gongchang.com/about/
7	东莞爱优电子	http://iugreen.cn.globalimporter.net/
8	安阳高安	http://anyang043499.11467.com/

【중국 프레임 생산 기업<출처: 드론 주요시장 보고서, 2019.12.19. KOTRA>】

주요 모터 생산 기업은 아래와 같다.

NO	기업명	홈페이지	주요제품
1	襄阳联行动力有限公司	http://ufpengines.yellowurl.cn/	모터류
2	深圳市易蓝科技有限公司	https://iflyuav.cn.gongchang.com/	모터, ESC
3	浩马特	http://buyic-hmth.ic37.com/	브러시리스 모터
4	X-Tcamrc	www.x-teamrc.cn	브러시리스 모터, 서보모터 등
5	深圳市飞骏电机科技有限公司	www.etonm.cn	모터류
6	好盈科技	http://www.hobbywing.com/cn/	브러시리스 모터

【중국 모터 생산 기업<출처: 드론 주요시장 보고서, 2019.12.19. KOTRA>】

주요 ESC(Electronic Speed Controls) 생산기업은 아래와 같다.

NO	기업명	홈페이지	주요제품
1	好盈科技	http://www.hobbywing.com/cn/	브러시리스 esc
2	中特威	https://www.ztwoem.com/cn/	브러시리스 esc

【중국 ESC(Electronic Speed Controls) 생산기업<출처 : 드론 주요시장 보고서, 2019.12.19. KOTRA>】

주요 배터리 생산 기업은 아래와 같다.

NO	기업명	홈페이지
1	ATL	https://www.atlbattery.com/en/index.html
2	格瑞普	http://www.ace-pow.com/
3	欣旺达	http://www.sunwoda.com/
4	德赛	http://www.desay.com/
5	倍特力	http://betterpower2002.battery.com.cn/

【중국 배터리 생산 기업<출처 : 드론 주요시장 보고서, 2019.12.19. KOTRA>】

드론의 두뇌로 불리는 FC(Flight Controller, 비행제어장치) 기술 제공 업체는 많지 않은 편인데, 중국 내 FC 기술 자체 연구개발이 가능한 기업은 대략 10여 개 정도이다. 그러나 약 90%의 드론 관련 기업이 DJI 및 링두즈콩(零度智控)이 개발한 제품을 사용하고 있으며, 그 외 FC 관련 기업으로는 시안란위에항콩커지(西安蓝悦航空科技有限公司), 시안자주어페이콩즈닝슈쥐(西安佳作飞控智能数据有限公司), 상하이투어공지치런(上海拓攻机器人有限公司), 베이징보잉통항커지(北京博鹰通航科技有限公司), 청두종헝즈동화지슈(成

都纵横自动化技术有限公司) 등이 있다.

중국의 드론산업 발전에 따라 드론 교육기관 수도 빠르게 증가하고 있는데, 2018년 기준, 중국 드론 조종 관련 교육기관은 292개이며, 주요 기관으로는 DJI, 취엔치우잉(全球鹰) 등이 있다.

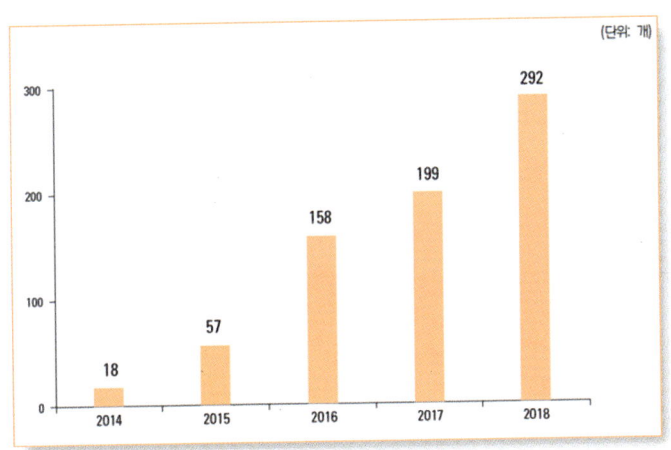

[중국 민간 드론 교육기관 수 (2014년~2018년)<출처 : 드론 주요시장 보고서, 2019.12.19. KOTRA>]

마지막으로 중국의 민간 드론 유통은 주로 대리점, 온·오프라인 플래그십 스토어 등에서 이뤄지고 있는데, 오프라인 플랫폼은 티엔마오(天猫), 징동(京东), 수닝이고우(苏宁易购) 등이고, 온라인 플래그십 스토어로는 DJI, 이항(Ehang, 亿航) 등이 있다. 오프라인 대리점은 란티엔페이양(蓝天飞扬), 다야상마오(大亚商贸), 치하이양판(七海扬帆) 등이 있다.

3) 일본, 독일, 러시아

◉ **일본**

일본의 민간 드론 시장 규모는 2018년 기준 931억 엔이며, 2024년도에는 5,073억 엔을 기록할 전망이다. 분야별로는 서비스 시장이 362억 엔으로 최대규모이며, 기체 시장 346억 엔, 유관 서비스 시장 224억 엔 등의 순이다. 서비스 시장에 있어서는 감시 점검 서비스가, 유관 서비스 시장에 있어서는 인재육성, 보험 등의 시장이 증가할 것으로 보인다.

	2016	2017	2018	2019	2020	2022	2024
서비스	154	155	362	657	1,220	2,204	3,568
기체	134	210	346	471	571	758	908
유관 서비스	65	138	224	322	394	501	597
합계	353	503	931	1,450	2,185	3,463	5,073

【일본 민간 드론 시장 규모 추이 (단위 : 억엔) <출처 : 일본 드론 시장, 하늘을 나는 곤돌라 출현, 2019.11.04. KOTRA>】

서비스 시장에서는 농업 분야가 2018년 기준 175억 엔으로 가장 큰 비중을 차지하고 있으며, 드론 점검 분야는 2018년 43억 엔 수준에서 2024년 1,473억 엔으로 대폭 확대될 전망이다. 상대적으로 재해가 많은 일본의 경우, 위험 지역에서의 검사, 점검 작업에 드론이 다양하게 활용되고 있다. 특히 1950년대부터 70년대의 고도경제 성장기에 건설된 교량, 터널 등 인프라 시설이 노후화됨에 따라 유지, 보수를 위한 점검 수요가 생기고 있어 해당 시장 규모가 더욱 커질 전망이다.

【드론을 이용한 일본의 농업】

	2016	2017	2018	2019	2020	2022	2024
기타 서비스	0	1	66	81	98	140	251
옥내 서비스	0	3	6	15	30	150	210
물류	0	0	5	10	72	288	432
보안	0	0	10	42	67	94	131
농업	110	108	175	280	375	470	760
점검	2	5	43	110	349	808	1,473
토목·건축	30	23	36	90	188	195	219
항공촬영	12	15	21	29	42	59	91

【일본 서비스 분야별 민간 드론 시장 규모 추이 (단위: 억엔) <출처 : 일본 드론시장, 하늘을 나는 곤돌라 출현, 2019.11.04. KOTRA>】

전 세계적으로 MaaS(mobility as a Service)에 대한 관심이 높아지고 있는 가운데, 일본도 플라잉카(Flying Car) 혹은 PAV(Personal Air Vehicle)가 실제 상용화되기까지 놀이공원의 관람차와 같은 엔터

테인먼트, 관광의 영역에서 실험적 활용이 예상된다. 관련하여 장기간 사용 가능한 배터리, 급속 충전 시스템 개발, 지상 인프라 정비 등이 요구될 전망이다.

◉ 독일

【독일에서 DHL이 운용 중인 DHL Parcelcopter】

한편 독일 드론 시장 규모는 2018년 기준 5억 7,400만 유로이며 산업용 드론 시장 규모가 4억 400만 유로로 전체 드론 시장 규모의 76.5%를 차지한다. 드론 시장은 대부분 하드웨어와 서비스 마켓이 차지하고 있으며, 소프트웨어 산업의 시장 규모는 3천 700만 유로 수준으로 전체 드론산업 규모의 6.4% 수준이다.

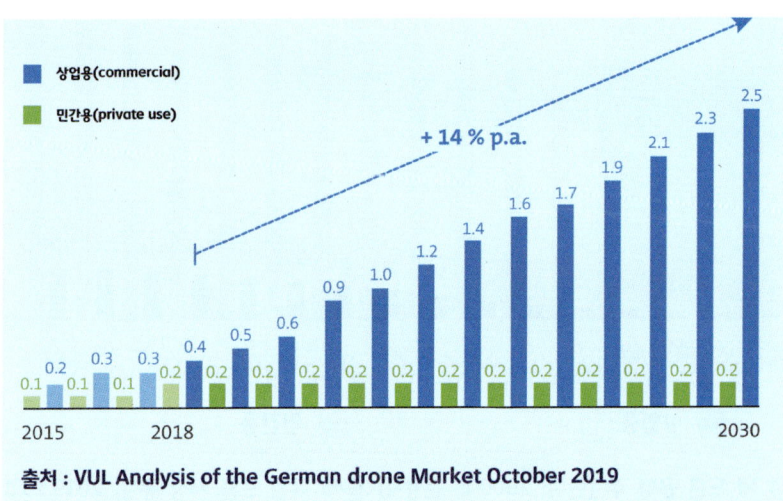

출처 : VUL Analysis of the German drone Market October 2019

【독일 드론 시장 규모 (단위 : 10억 유로, 전망치)<출처: 독일 드론 시장동향, 2019.10. 17. KOTRA>】

독일 항공운송산업협회(BDL, Bundesverband der deutschen Luftverkehrwirtschaft)의 자료에 따르면, 2018년 기준 독일에서 운영 중인 드론 수는 약 474,000대이며, 이중 산업용 드론의 비율은 약 4% 수준인 19,000대이고 나머지 96%는 개인 드론이다. 개인 드론 중 3분의 2는 카메라 부착 모델이며, 나머지 3분의 1은 300유로 이하의 저가형 드론이다.

독일 내 드론 관련 기업 수는 400여 개 사이며, 평균 직원 수는 12명이다. 연간 매출은 33만 유로 수준으로 기업 설립 연수가 평균 3년 이하의 스타트업(start-up)이 다수이다. 상업용 드론의 독일 내 평균 판매가는 10,000유로 선으로 책정되어 있으며, 주로 영화나 TV 프로그램 제작, 공사 현장의 치수 측정 등에 활용되고 있다.

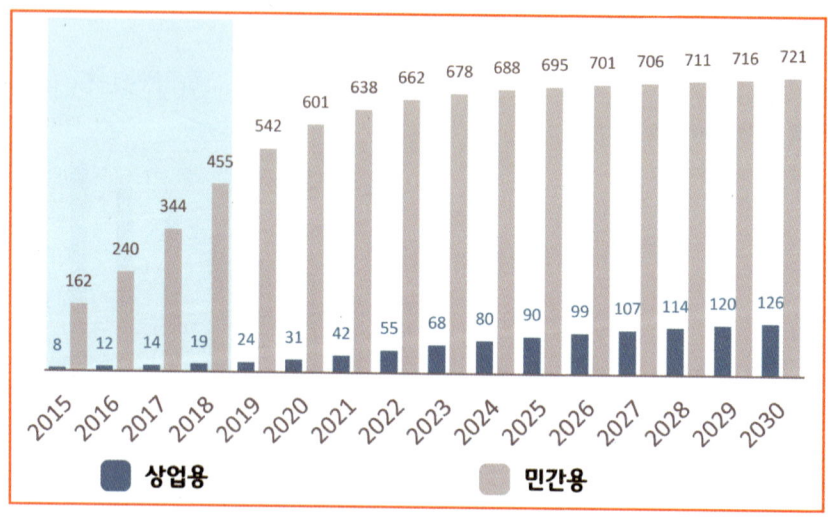

【독일 내 드론 운행 수 (단위: 1000대, 전망치)<출처: 독일 드론 시장 동향, 2019.10.17. KOTRA>】

⦿ 러시아

러시아의 드론 시장 규모는 2018년 기준으로 129억 2,000만 루블이며, 세계 드론 시장의 1.5% 규모이다. 대략 16만대의 드론이 판매된 것으로 추정된다.

러시아는 2000년대 중반부터 민간분야에 드론을 사용하기 시작하였고, 현재는 공공기관의 정찰과 모니터링, 석유와 천연가스 등의 자원 탐사에 드론을 활용하고 있다. 자원 탐사에 드론을 활용하면 비행시간당 2만 5000~3만 5000루블 정도의 비용이 발생하는데, 상대적으로 헬리콥터는 15만~18만 루블이 소요되어 비용 절감 효과가 크다. 또한, 드론이 헬리콥터보다 세밀한 지역 탐사가 가능하고, 환경 친화적이며 작업자에게 무해한 장점이 있어 활용도는 더욱 높아질 것으로 보인다.

드론 관련 주요 기업으로는 군수업체인 칼라슈니코프(Kalashnikov) 그룹의 자회사로 드론을 생산하는 ZALA Aero가 있다. ZALA Aero는 2004년에 설립된 드론 분야 개발 및 제조 전문기업으로 항공기 및 헬리콥터 유형의 다양한 드론을 개발·생산하고 있다. 중앙 및 지방정부, 러시아 거대 석유·가스 기업 등이 주요 고객이며, 러시아 전국에 1,000여 개의 지사를 운영하고 있다.

러시아는 틸트로터(tilt rotor) 개발에 많은 관심을 기울이고 있는데, 틸트로터(tilt rotor)는 일반 드론처럼 수직으로 이착륙하지만, 비행 중에는 로터 축을 기울여 마치 고정익기처럼 고속 비행이 가능하도록 만든 수직이착륙(VTOL)기의 일종이다. 크론슈타트(Kronstadt)

가 개발한 프레가트(Frigate)는 탑재량이 약 2톤으로 3,000km까지 운반이 가능한 연구를 완료하였으며, 2022년에 대량 생산 예정이다. 주로 운송 인프라가 없는 북극, 시베리아, 극동지역 에서의 장거리 운송과 해양 항공 작업 등에 활용될 전망이다.

더불어, 러시아 국립기술연구대학, 칼라슈니코프(Kalashnikov) 그룹과 시베리아 항공연구소, Napoleon Aero 등이 PAV(Personal Air Vehicle) 개발에 뛰어들었으나 아직 뚜렷한 성과를 내지 못하고 있다.

【ZALA 421-16E5 드론
<출처: 위키미디어 커먼스 (저작자:Vitaly V. Kuzmin / CC BY-SA)>】

4) 한국

지난 2017년 12월 7일, 한국 과학기술정보통신부는 드론, 자율차, 무인선박 등 '무인이동체 기술혁신 및 성장 10개년 로드맵'을 발표한 바 있다.

【출처: 무인이동체 기술혁신과 성장 10개년 로드맵, 2017.12.08., 과학기술정보통신부】

한국 과학기술정보통신부는 드론, 자율차, 무인선박 등 스스로 외부환경을 인식하고 상황을 판단하여 작업을 수행하는 육·해·공 이동수단을 무인이동체로 정의하고, 시장 규모가 2016년 326억 불에서 2030년 2,742억 달러(USD $274B)까지 대폭 확대될 것으로 전망하였다. 나아가 2030년 기술경쟁력 세계 3위, 세계 시장점유율 10%, 신규 일자리 9.2만 명, 수출액 160억 달러(USD $16B) 등의 구체적인 목표를 밝힌 바 있다.

몇 년이 흘렀는데, 한국의 드론산업은 어디쯤 와 있을까? 한국 드론산업은 얼만큼이나 성장했을까? 국토교통부에 따르면 한국의 드론 제작업체 수는 200여 개다. 그러나 평균 연매출액은 대략 5억 원이고, 상위 20개 업체라고 해도 평균 고용 인원은 20명 남짓이다. 글로벌 경쟁력 확보를 위해서는 우수한 인력이 참여하는 연구개발이 절실한데, 쉽지 않은 여건이다.

앞서 소개한 바와 같이, 중국 DJI는 2018년 기준 총 12,000여 명의 직원 중 약 25% 이상이 연구개발 인력일 정도로 연구개발에 전념하고 있다. 글로벌 시장을 목표로 드론 기체 관련 연구개발은 중국에서, 소프트웨어는 실리콘밸리에서, 카메라는 일본에서 각각 센터를 설립해 연구개발을 진행하고 있다.

한국의 경우 그간 중소기업 적합업종으로 지정하여 대기업의 진입은 막고 정부 보조금을 푸는 정책을 시행해 왔는데, 드론의 두뇌로 불리는 FC(Flight Controller, 비행제어장치) 등 상당수 부품은 중국 업체로부터 들여와서 금형 등 외관만 다르게 생산하는 사례가 부지기수(不知其數)라는 지적이다. 글로벌 경쟁력 확보를 위한 연구개발보다는 공공수주나 유통에 치중하는 경우가 다반사(茶飯事)였던 것이다.

한국의 등록된 드론기체 수는 2016년 2,172대에서 2019년 10,318대로 확대되었고, 드론 사용사업체 수는 2016년 1,030개에서 2019년 2,861개로 확대되었다.

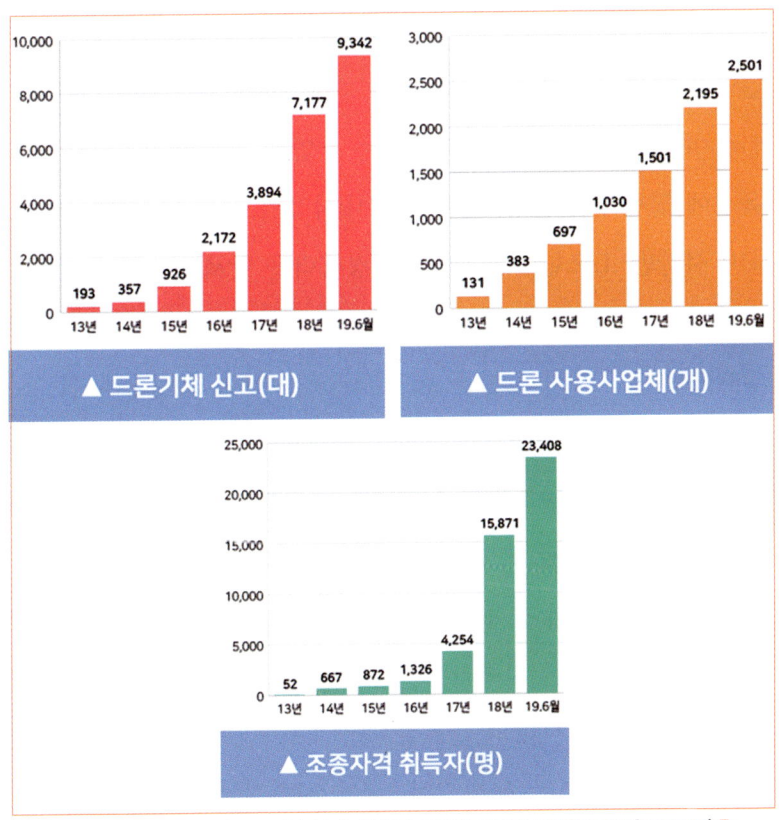

【한국 드론 시장 주요지표〈출처: 드론산업, 2019.12.04. 대한민국정책브리핑〉】

한국은 특별히 드론 조종사 국가자격제도를 운영하고 있는데, '초경량비행장치 조종자(무인멀티콥터)'(이하 드론조종사)이다. 드론조종사 수가 2016년 1,326명에서 2019년 27,840명으로 대폭 증가하였는데, 한때 7분만 비행하면 200만 원을 벌고, 연예인이 드론조종사가 되겠다고 하는 등 큰 관심을 모으고 있지만, 드론산업 자체의 경쟁력이 부족하다 보니 별다른 시너지(Synergy) 효과를 내지 못하고 있다.

이제 정책 전환이 필요하다. 드론산업 자체의 경쟁력 확보를 위해 기술력과 자본력을 갖춘 대기업의 참여를 전면 허용하고, 중소기업과는 협업을 유도해야 한다. 미국 등의 사례에서 보듯 중국 기업과의 경쟁에서 이기기 힘든 드론 제조보다는 산업 현장에 특화된 드론 서비스 육성에 집중해야 한다. 정부가 국내시장의 틀 안에서 이리저리 조정하며 시간만 소모한다면, 막강한 경쟁력을 앞세운 DJI 등 해외 기업의 국내시장 독과점만 강화될 수 있다. 오히려 마땅한 국내 경쟁사가 없다 보니, 고가의 드론을 판매하고도 A/S나 교육대책에는 무관심한 행태가 반복될 수 있다.

드론은 이미 촬영이나 건설, 방제, 정밀농업, 재난구조 분야에서 필수 장비로 자리 잡았고, 드론택배와 드론 택시 등 모빌리티 관련 다양한 시도가 각국에서 진행되고 있다. 인위적인 규제보다는 '끊임없는 도전'과 '현명한 시행착오'를 장려하는 사회 분위기가 형성되어야 4차 산업혁명 시대의 글로벌 경쟁력을 확보할 수 있다. 자칫하면 2030년 기술경쟁력 세계 3위, 세계 시장점유율 10%, 신규 일자리 9.2만 명, 수출액 160억 달러(USD $16B) 등의 목표가 공허한 신기루로 남을 수 있다.

III. 드론공유서비스

III. 드론공유서비스

1. 드론공유서비스 소개

어두운 길을 걸으며 긴장하여 불안을 느껴본 적 있는가? 낯선 길을 홀로 걸으며 작은 소리에도 깜짝 놀란 경험이 있는가? 이런 상황에서 드론을 호출하여, 목적지까지 드론이 '이동 CCTV(Closed-Circuit Television)'가 되어 준다면 안심이 되지 않을까?

부득이하게 내 아이의 어린이집 등·하교 길에 동행할 수 없어 걱정했던 경험이 있는가? 드론이 내 아이와 동행하면서 촬영하는 영상을 실시간 확인할 수 있었다면 도움이 되었을 것이다.

　소중한 기념일이나 즐거운 여행 중 특별한 영상을 남기고 싶었던 기억이 있는가? TV나 영화에서 보았던 촬영기법으로 나만의 스토리(Story)를 영상으로 남기고 싶었던 기억이 있는가? 드론을 활용한다면, TV나 영화 제작 현장에서 지미집(Jimmy Jib)처럼 전문 인력과 장비를 통해야만 가능했던 멋진 영상을 만들어 낼 수 있다.

　급하게 이동해야 하는 상황은 종종 발생한다. 갑작스러운 해외 출장으로 공항까지 빨리 이동해야 할 때, 꽉 막힌 도심에서는 방법을 찾기 어렵다. 드론 택시로 강남에서 인천공항까지 10분 만에 이동할 수 있다면, 얼마나 유용할까?

　구조대가 접근하기 어려운 재난 상황이 발생하였을 때, 드론을 호출하여 조난자의 위치와 상태를 확인하고 구조작업을 지원할 수 있다

면 큰 도움이 될 것이다.

 많은 경찰이 뒤쫓아도 도주하는 용의자를 놓치는 경우가 발생할 수 있다. 뒤를 따라 추적하는 것에는 한계가 있으니까. 이런 상황에서 드론을 긴급 호출하고 드론이 하늘 위에서 경찰의 추적을 돕는다면, 용의자 검거가 수월해질 것이다.

 드론공유서비스(Sharing Drone Service)는 드론이 필요할 때면 스마트폰 앱 등을 활용하여 편리하게 호출하고 활용하는 서비스이다. 전문적인 드론조종사가 필요할 때마다 쉽게 찾아 연결해주는 서비스이고, 드론 구매 후 사용하지 않는 기간에는 타인에게 임대하고 수수료를 받을 수 있도록 연결하는 서비스이다. 기업 고객의 요구에 따라 드론 비행계획을 수립하며, 드론 기체 및 사용할 센서, 카메라 등을 선정하고, 항공관제 규정의 확인 및 등록, 드론 조종 및 임무 수행,

데이터 수집 및 리포트 작성 등을 원스톱으로 제공하는 서비스이다.

드론공유서비스(Sharing Drone Service)는 플랫폼(Platform) 서비스, 임대(Rental) 서비스, 교육(Education) 서비스, DaaS(Drone as a Service) 등을 통해 공유 드론(Drone)을 사용함으로써 효율성을 높이고 나아가 부가가치를 창출하는 비즈니스(Business) 모델이다. 저자가 2018년부터 주장해 왔으며, 공감하는 드론조종사가 모여 2019년 한국드론조종사협회(KADP, Korea Association of Drone Pilots)와 한국드론조종사협동조합(KFDP, Korea Federation of Drone Pilots)을 각각 설립하고 활동 중이다.

요즘 기업에서도 측량이나 탐지, 방제 등을 위해 드론을 구매한다. 또한, 공공기관에서도 정책적으로 치안이나 재난구조용 드론을 구매한다. 그런데 시간이 지날수록 기대보다 비행 기간이 짧고, 보관이나 유지보수 등에 들어가는 비용은 부담되며, 드론 관련 업무는 점차 부가업무가 되어 버리지 않았는가? 산업용 드론의 경우, 일반적으로 사용 기간이 짧고, 전문 기술요원이 필요하기에 해외 상당수 소비기업이 임대(Rental) 방식을 채택한다. 소비기업은 사용시간, 사용 장소 및 기기 사양 등에 대한 요구조건을 제시하고 임대업체는 이 조건에 근거해 가격을 산정하여 임대하는 방식이다.

관련하여 향후 글로벌 드론 시장에서 가장 규모가 커질 것으로 전망되는 부문이 DaaS(Drone as a Service)인데, DaaS(Drone as a Service)는 기업고객을 대상으로 드론을 활용한 종합 서비스를 제공하는 것이다. 기업 고객을 대상으로 드론을 임대하고, 기업 고객의 요구에 따른 드론 비행계획을 수립하며, 드론 기체 및 사용할 센서, 카메라 등을 선정하는 서비스이다. 더불어, 항공관제 규정의 확인 및 등록, 드론 조종 및 임무 수행, 데이터 수집 및 분석, 리포트 작성 등 일련의 과정을 모두 원스톱으로 제공하는 서비스이다. 미국의 많은 드론 기업들도 부가가치가 높은 DaaS(Drone as a Service)를 적극적으로 추진하고 있으며 드론 기체는 중국 등의 제품을, 핵심 기술인 자율비행, 촬영 및 점검 등의 임무 수행, 데이터 분석 등은 특화된 소프트웨어를 사용하여 경쟁력을 확보하고 있다. 드론산업의 무게 추가 DaaS(Drone as a Service)로 옮겨 가고 있다.

저자는 ICT(Information and Communication Technologies) 기술 수준이 높고, 국가 자격시험을 거친 다수의 드론조종사를 이미 배출한 한국이야말로 DaaS(Drone as a Service) 분야 글로벌 경쟁력 확보가 가능하리라 전망한다. ICT 기술 수준이 높은 한국은 핵심 기술인 자율비행, 촬영 및 점검 등의 임무 수행, 데이터 분석 등의 유관 소프트웨어 개발과 적용에 유리하다. 게다가 이미 배출된 드론조종사가 풍부하여 기업고객을 대상으로 드론을 임대하고, 기업 고객의 요구에 따른 드론 비행계획을 수립하며, 드론 기체 및 사용할 센서, 카메라 등을 선정하고, 항공관제 규정의 확인 및 등록, 드론 조종 및 임무수행, 데이터 수집 및 분석 등의 일련의 서비스를 원스톱으로 제공할 수 있다. DaaS(Drone as a Service) 사업화에 유리한 기술적, 인적 자원을 확보하고 있다. 여기에 기술력과 자본력을 갖춘 대기업의 참여를 전면 허용하고, 전문기업 및 관련 단체와 전략적으로 협업할 수 있다면, 당당히 글로벌 드론산업의 주체가 될 수 있다.

드론공유서비스(Sharing Drone Service)는 이러한 전망과 비전을 토대로 DaaS(Drone as a Service)를 포함하여 플랫폼(Platform) 서비스, 임대(Rental) 서비스, 교육(Education) 서비스 등을 통해 공유 드론(Drone)을 사용함으로써 효율성을 높이고 나아가 부가가치를 창출하는 비즈니스(Business) 모델이다.

이제 드론공유서비스(Sharing Drone Service)의 핵심 가치 및 핵심 사업 모델들을 하나하나 살펴보자.

2. 드론공유서비스의 핵심가치(sDaaS)

드론공유서비스(Sharing Drone Service)의 핵심가치는 'sDaaS(sharing Drone as a Service)'이다. 'sDaaS(sharing Drone as a Service)'를 해석하면 '서비스로서의 드론 공유'인데, 연계(Connected), 원스톱(One-stop), 안전(Safety) 등의 핵심 키워드를 통해 소개한다.

◉ Connected (연계)

드론공유서비스(Sharing Drone Service)의 핵심 키워드는 연계(Connected)이다. 미국의 많은 드론 기업들이 부가가치가 높은 DaaS(Drone as a Service)를 추진하면서 드론 기체는 중국 제품 등을 사용하고, 핵심 소프트웨어는 연계 혹은 자체 개발을 통해 차별화를 모색하는 것을 참조할 필요가 있다. 드론공유서비스(Sharing Drone Service)는 드론 기체 제작업체는 물론 드론 배송, 교육, 보험, 유지보수업체 등과 적극적으로 연계를 추진해야 한다.

드론의 항공관제 관리 툴을 제공하는 UTM(Unmanned Aircraft Traffic Management, 드론 항공교통 관제) 소프트웨어 개발사, 비행계획 수립 및 자율비행 기술 등 관련 소프트웨어를 개발하는 비행 소프트웨어 개발사, 수집된 데이터를 기업이 원하는 결과물로 만들어주는 데이터 분석 툴 개발사 등 소프트웨어 전문업체와도 연계하여야 한다.

한국은 ICT(Information and Communication Technologies) 기술 수준이 높고, 드론 실증도시 등 정책 당국의 지원 의지도 있어 상호 연계의 성과를 낼 수 있다. 참고로 미국 드론 시장의 분야별 주요 업체 내역은 다음 표와 같다.

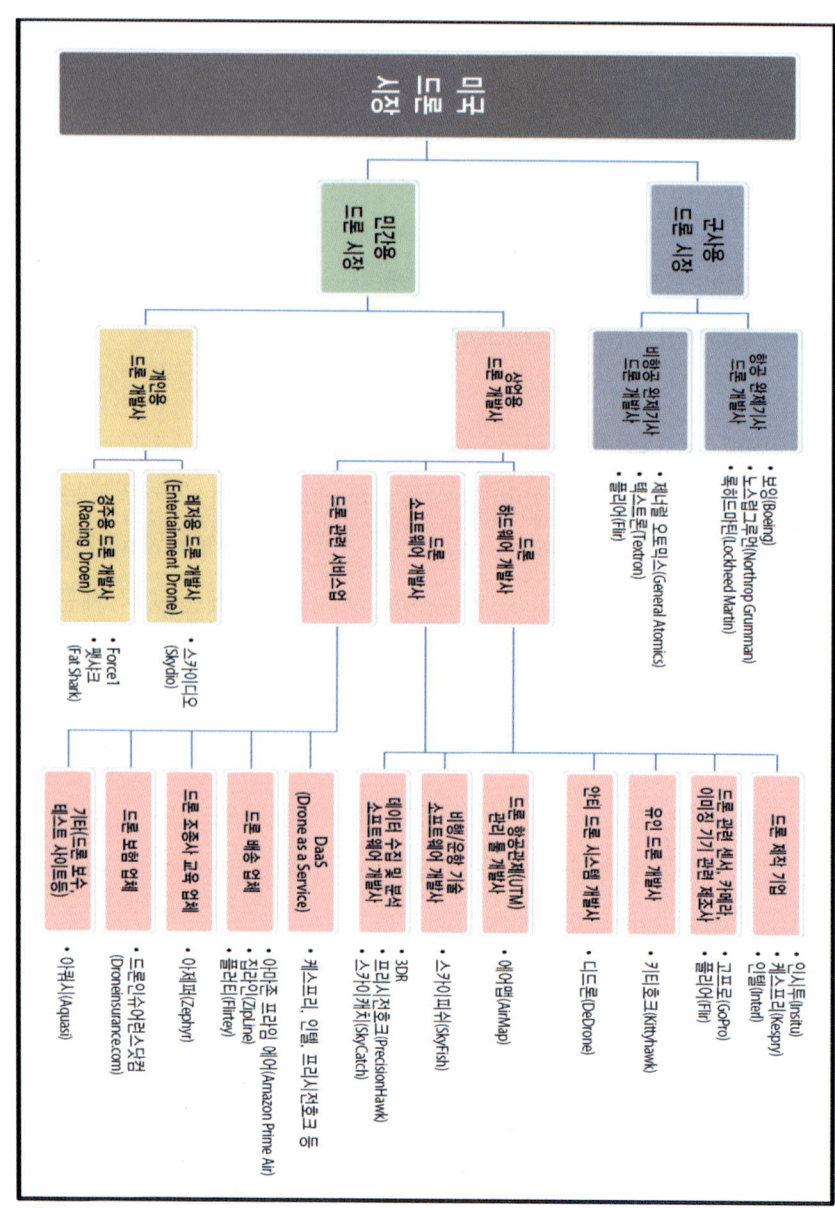

【미국 드론 시장 구성 및 주요 업체<출처: 드론 주요시장 보고서, 2019.12.19. KOTRA】

더불어, 드론공유서비스(Sharing Drone Service)는 '미래 도심형 항공 모빌리티(UAM, Urban Air Mobility)'와 연계가 필요하다. UAM은 개인용 항공기 PAV(Personal Air Vehicle)를 통해 새롭게 구축될 도시 내 단거리 항공 운송 생태계를 의미한다. 미국항공우주국(NASA)이 명명하였으며, 모건스탠리에 따르면 PAV를 활용한 UAM 시장 규모가 2040년 1조 5,000억 달러(USD $1500B)에 달할 것으로 전망된다.

UAM은 새롭게 태동하는 거대 시장이지만 아직 시장에 절대 강자가 없다 보니, 현재 기업들은 시장을 선점하기 위해 치열한 개발 경쟁을 벌이고 있다. 물론, UAM이 실현되기 위해서는 아직 넘어야 할 산이 많다. 기술적 측면에서는 PAV의 배터리 밀집도 향상, 분산전기 추진, 완전 자율비행, 소음공해 저감, 집단 PAV 관제시스템 등에서 추가적인 기술 개발이 필요하다.

제도적 측면에서는 PAV의 제원에 대한 인증부터, 운행규정 수립, 도시 내 공중 이동에 따른 재산권이나 사생활 침해 등에 대한 부분도 검토해야 한다. 특히 새로운 도시 항공운송 생태계가 사회적으로 수용 가능해야 하는데, 이를 위해서는 안전과 소음에 대한 우려가 해소되어야 하고, 시민들이 합리적인 가격에 UAM 시스템을 이용할 수 있어야 한다. 또한, PAV의 이착륙과 충전 및 정비를 수행할 수 있는 인프라도 효율적으로 구축해야 한다.

이처럼 다양하고 광범위한 과제를 해결하기 위해서는 무엇보다 서로 다른 경쟁 우위를 가진 기업, 도시, 정부 기관 간에 전략적 파트너십을 갖추는 것이 필요하다. 즉, 각각의 경쟁우위를 기초로 상호협력

관계를 형성하여 파트너십 진영 전체의 통합적 경쟁우위를 확보하는 것이 향후 UAM 시장을 선점하는 중요한 요인이 될 것이다.

관련하여 한국 국토교통부에서는 기존의 항공교통 운송기능을 드론 택시 등 UAM까지 확장하겠다고 이미 밝힌 바 있다.

현대자동차는 CES(Consumer Electronics Show, 세계가전전시회) 2020에서 UAM 개념을 들고 나왔는데, 드론처럼 수직 이착륙이 가능한 PAV 콘셉트의 S-A1을 선보였다. 자율주행 셔틀 형태의 '목적 기반 모빌리티(PBV, Purpose Built Vehicle)'를 이용해 환승거점(Hub)으로 이동하면 S-A1에 탑승할 수 있다. 'PBV(목적 기반 모빌리티)'와 환승거점(Hub)을 바탕으로 원하는 시간과 장소에 최적의 이동을 하며, 가치를 창출할 수 있도록 하는 것이 목표라고 한다.

드론공유서비스(Sharing Drone Service)는 UAM을 추구하는 정부, 기업 등과의 전략적 파트너십을 가질 필요가 있다. 무엇보다 UAM의 기본 요소인 PAV(Personal Air Vehicle)가 드론 기술을 융합하여 도심에서 수직이착륙(VTOL, Vertical Take Off and Landing)이 가능한 특장점을 가졌기에 드론공유서비스(Sharing Drone Service)와 운영 및 정비 부문 등에 연계 시너지(Synergy) 효과가 기대된다.

아울러 드론공유서비스(Sharing Drone Service)는 '통신사'와 연계가 중요하다. 5G 상용화 이후 통신사들이 '드론'에 주목하고 있는데, 관련 제휴를 잇달아 발표하며 '초연결·초융합' 사업에 박차를 가하는 모습이다.

이처럼 미래 유망산업인 드론에 5G 통신망이 연결될 경우, 산업 전반에 걸쳐 기존에 없던 혁신 서비스를 제공할 수 있을 것으로 기대를 모은다. 관련하여, 한국 과학기술정보통신부는 5G를 활용하여 실시간 획득한 임무 데이터를 인공지능으로 분석하고, 응용서비스를 제공하는 개방형 플랫폼을 구축하며, 관련 규제도 선도적으로 발굴해 나갈 계획을 발표한 바 있다.

드론공유서비스(Sharing Drone Service)와 '통신사'가 연계하면, 어두운 길을 홀로 걸으며 불안할 때 드론을 호출하고, 부득이하게 내 아이의 어린이집 등·하교 길에 동행할 수 없을 때 드론을 호출하며, 구조대가 접근하기 어려운 재난 상황이 발생하였을 때 드론을 호출하고, 도주하는 용의자를 경찰이 뒤쫓을 때 드론을 호출하는 혁신 서비스를 광범위하게 제공할 수 있다. 드론공유서비스(Sharing Drone Service)는 '통신사'와의 연계가 필요하다.

◉ 원스톱(One-stop)

　　드론공유서비스(Sharing Drone Service)의 핵심 키워드는 원스톱(One-stop) 서비스이다. 원스톱 서비스는 한 장소에서 관련 업무를 일괄처리하는 방식을 말한다. 고객 만족을 추구하는 경영전략의 한 방안으로 이용자 중심 운영에 핵심적인 방식이라 할 수 있다. 드론을 임대하고, 고객의 요구에 따른 드론 비행계획을 수립하며, 드론 기체 및 사용할 센서, 카메라 등을 선정하고, 항공관제 규정의 확인 및 등록, 드론 조종 및 임무 수행, 데이터 수집 및 분석, 리포트 작성 등 일련의 과정까지 원스톱으로 제공하는 서비스! 드론이 필요할 때면 마치 승차 공유나 택시처럼 스마트폰 앱을 활용하여 편리하게 드론을 호출하고 활용하는 원스톱 서비스! 전문적인 드론조종사가 필요할 때마다 쉽게 찾아 연결해주는 원스톱 서비스! 드론 구매 후 사용하지 않는 기간에는 타인에게 임대하고 수수료를 받을 수 있도록 연결하는 원스톱 서비스! 원스톱 서비스는 드론공유서비스(Sharing Drone Service)의 핵심 키워드이다.

◉ 안전(Safety)

　드론공유서비스(Sharing Drone Service)의 핵심 키워드는 안전(Safety)이다. 안전이 핵심 키워드이다. 안전과 관련하여 기존의 드론사고를 유형별로 살펴볼 필요가 있는데, 크게 추락 피해, 공중 충돌 피해, 소음 피해, 사생활 침해에 따른 피해 등으로 구분할 수 있다.

　먼저 드론 추락 사고란 드론이 중력에 의하여 높은 곳에서 떨어지면서 낙하하는 것을 의미하며, 추락 사고의 결과 기체가 지상 또는 지상의 물체나 사람에게 부딪쳐 피해가 발생하는 것을 말한다. 드론은 기존의 유인항공기보다 사고 발생 비율이 높은 편인데, 가령 유인항공기에서 사용할 수 있는 제빙 시스템이 부족하고, 추운 기상 상황에서 비행할 때 항공기의 날개에 결빙이 생기는 것을 기내에서 직접 관찰할 수 있는 조종사가 없는 상태이기 때문에 결빙 관련 사고에 더 취약할 수 있다. 이외에도 다양한 원인으로 드론 추락 사고가 발생할 수 있는데, 아직은 유인항공기 대비 사고에 취약한 편이다.

　드론 공중충돌 사고는 드론 비행 중 유인항공기 등 외부 물체에 직접 또는 간접으로 접촉하여 항공기 및 드론의 파괴, 항공기 기내・외의 인명・재산 등에 대한 손해를 발생하게 하는 경우를 말한다. 기내에 조종사가 있는 유인항공기의 경우 다른 항공기 등 외부 물체를 육안으로 인식하고 회피할 수 있지만, 드론은 기체와 조종사가 분리된 특성상 외부 물체에 대한 인식 및 회피에 한계가 있어 상대적으로 공중충돌 위험이 높을 수 있다. 이로 인해 드론과 유인항공기가 충돌 시 막대한 인명피해와 재산손실 등이 발생할 수 있다.

　원격조종 및 자율주행 기술이 발전하고 있지만, 아직은 실전에서 발생하는 다양한 경우의 수를 철저히 대응할 수 있는 알고리즘의 고도화가 필요하다. 이는 미국을 중심으로 시도되고 있는 자율주행차의 사례를 통해서도 간접 확인할 수 있는데, 2015년부터 2019년 1월까지 미국 캘리포니아주에서 일어난 자율주행차 사고 81건 중 60건이 교차로에서 대기 중이거나 우회전·좌회전할 때 발생했다. 이 중 자율주행차와 일반 차와 충돌 사고는 55건, 횡단보도를 건너는 보행자와 관련한 사고는 5건이었다. 교차로에서 유독 사고가 많았던 이유는 자율주행차 센서의 주변 교통 환경 인식이 제한적이기 때문이라는 평가이다. 전문가들은 자율주행 알고리즘의 고도화 및 교통시스템과 협력한 운영 시스템을 제안했다. 교차로가 아닌 도로주행 중 발생한 사고는 21건으로 일반 차가 자율주행 차를 추월하는 중 발생한 사고는 12건, 자율주행 차가 차선 변경 중 발생한 사고는 9건이었다. 실전에서 발생하는 다양한 경우의 수에 대응할 수 있는 센서 및 알고리즘의 고도화가 필요하다.

    드론 소음은 크게 비행 중 소음과 지상에서의 소음으로 구분할 수 있다. 비행 중의 소음은 이륙 후 지상의 소음 레벨이 문제가 되지 않는 일정 고도에 도달하기까지의 소음, 그리고 일정 고도에서 착륙 시까지 발생하는 소음으로 구분할 수 있다. 지상에서의 소음은 이륙 시까지 지상에서 발생하는 소음 그리고 드론의 지상시험 시, 정비를 위해 엔진을 기체에 장착한 상태에서 시 운전할 때 발생하는 소음으로 구분할 수 있겠다. 그간 도심 내 온디맨드(On-demand, 수요응답형) 항공교통을 주도해 온 헬기가 500피트 상공 비행기준 약 87dB의 소음을 유발하는 것을 감안하면 상대적으로 드론의 소음이 높다고 할 수는 없지만, 도심내 드론 택시, 드론택배 상용화를 위해서는 지속적인 소음개선이 필요하다.

마지막으로 드론 사생활 침해 사고이다. 개인의 사적 영역에 속하는 얼굴이나 행동을 개인이나 공공기관에서 촬영하고 그것을 수록·관리함으로 초상권, 개인정보자기결정권 등을 침해할 수 있다. 최근 드론을 띄워 주택, 사무실 등의 내·외부 범죄예방 및 시설안전을 목적으로 운영하며, 고속도로에 띄워 끼어들기·갓길주행 등 규정 위반 차량 단속에 활용하기도 한다. 이외에도 수색·정찰·단속·촬영·레저 등 촬영용 드론의 활용 분야는 다양화되고 있다. 그러나 고화질 카메라를 장착한 드론의 활용이 많아질수록, 이에 수반하여 사생활 침해 위험 역시 증가하고 있다. CCTV(Closed Circuit Television) 설치 관련 찬반논쟁을 참조하여, 드론 사생활 침해 관련 사회적 합의를 이끌어야 하는 과제가 있다.

이상으로 기존 드론사고의 유형을 살펴보았다. 지속적인 드론 기술 발전에 발맞추어, 드론공유서비스(Sharing Drone Service)가 이미 배출된 드론조종사를 대상으로 운영 및 정비기술을 재교육하여 현장에 투입한다면, 사고의 최소화 및 안전(Safety)한 드론 비행에 기여할 수 있을 것이다.

더불어, 드론공유서비스(Sharing Drone Service)는 흔히 드론 택시로 표현되는 '미래 도심형 항공 모빌리티(UAM, Urban Air Mobility)' 추진현황에 대한 지속적인 관심과 대비가 필요하다. 앞서 언급한 바와 같이, PAV(Personal Air Vehicle)는 기술적 측면에서 배터리 밀집도 향상, 분산전기 추진, 완전 자율비행, 소음공해 저감, 집단 PAV 관제시스템 등에 추가 기술 개발이 필요한 상태이다. 제도적 측면에서는 PAV의 제원에 대한 인증부터, 운행규정 수립, 도시 내 공중 이동에 따른 재산권이나 사생활 침해 등에 대해 검토가 필요하다. 이착륙과 충전 및 정비를 수행할 수 있는 인프라도 구축해야 한다.

관련하여 한국 국토교통부는 드론법 시행을 발표하며, 미래 드론 산업의 핵심으로 평가받고 있는 드론 택시·택배를 현실화하는데 필수적인 UTM(Unmanned Aircraft Traffic Management, 드론 항공교통 관제) 구축·운영 근거를 마련했다고 밝힌 바 있다. 아울러 드론 규제 특구인 '드론 특별자유화구역'을 운영하여 드론 교통 등 다양한 드론 활용 모델을 실제 현장에서 자유롭게 실증할 수 있도록 하겠다고 밝혔다.

드론공유서비스(Sharing Drone Service)의 교육서비스를 통해 드론 택시 등 '미래 도심형 항공 모빌리티(UAM, Urban Air Mobility)'에 필요한 글로벌 운영 및 정비 전문가인 '드론공유전문가'를 사전에 육성하고, 이들이 안전(Safety)한 드론 택시·드론 택배 서비스에 든든한 기반이 될 수 있기를 기대한다.

3. 드론공유서비스 핵심 사업 모델(PRED)

드론공유서비스(Sharing Drone Service)의 핵심 사업 모델(PRED)인 플랫폼(Platform) 서비스, 임대(Rental) 서비스, 교육(Education) 서비스, DaaS(Drone as a Service) 서비스를 순차적으로 소개한다.

1) 플랫폼(Platform) 서비스

드론공유서비스(Sharing Drone Service)의 핵심 사업 모델은 플랫폼(Platform) 서비스이다. 드론이 필요할 때면 마치 승차공유나 택시처럼 스마트폰 앱을 활용하여 편리하게 호출하고 활용하는 플랫폼(Platform) 서비스! 전문적인 드론조종사가 필요할 때마다 쉽게 찾아 연결해주는 플랫폼(Platform) 서비스! 드론 구매 후 사용하지 않는 기간에는 타인에게 임대하고 수수료를 받을 수 있도록 연결하는 플랫폼(Platform) 서비스이다.

플랫폼 서비스는 비교적 쉽게 시작할 수 있지만, 승자독식 성격이 강해 치열한 경쟁에서 승자로 생존하기 쉽지 않다. 기존 시장과의 충돌 가능성이 존재하며 수요자와 공급자를 유인할 킬러콘텐츠(Killer Contents, 경쟁자를 몰아낼 핵심 콘텐츠)나 킬러서비스(Killer Service, 경쟁자를 몰아낼 핵심 서비스) 등의 노하우가 필요하다. 관련하여 저자의 '시행착오' 사례를 소개한다. 저자가 한국파스너공업협동조합(Korea Federation of Fastener Industry Cooperative)에 재직하며, 기획하여 구현한 전시 플랫폼 'Fastener Expo App' (

이하 'Expo App') 사례이다.

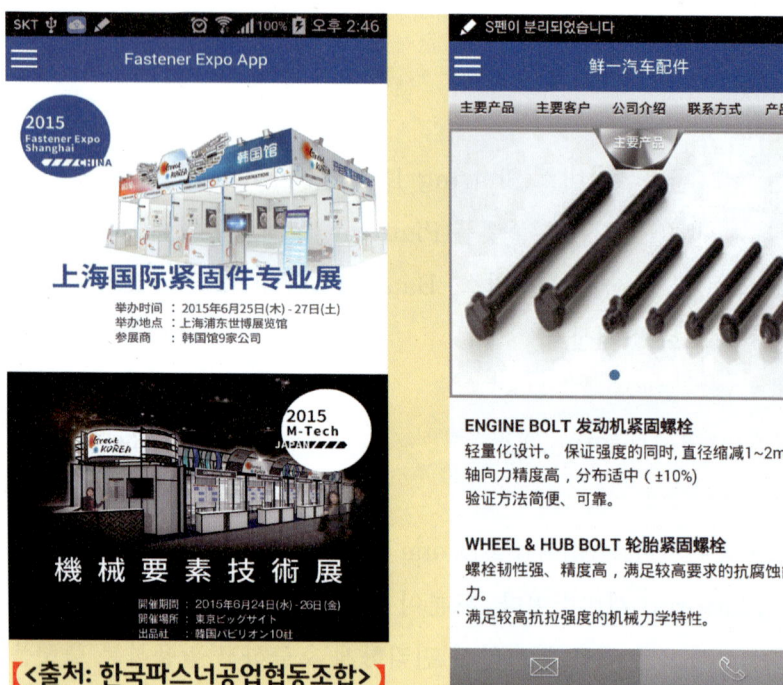

<출처: 한국파스너공업협동조합>

　당시 저자는 B2B전시회에 출품하는 한국 제조업체를 지원하기 위해 수년간 주요 국가의 유력 B2B전시회 현장을 방문할 기회가 있었다. 현장에서 지켜보니, 공급사는 포화상태인 기존 시장을 넘어 새로운 시장을 개척하기 위해 주요 국가별 유력 전시회에 반복적으로 출품하는 애로사항이 있었다. 중소 제조업체의 경우 비용적으로 여간 부담스러운 일이 아니었다.

　반면 경쟁력 있는 공급사를 발굴해야 하는 구매사(수요자)는 여러 나라의 중소 제조업체 정보를 모두 파악하기 어려워 B2B전시회에 직접 방문하는 번거로움이 있었다. 짧은 미팅이나 몇 차례의 견적으로 공급사를 신뢰하기 어려운 면이 있었고, 카탈로그(Catalog) 등의 인쇄물을 관리해야 하는 애로사항도 있었다.

　"제조업체 정보를 충실하게 관리하는 앱(App)을 개발하여 상대적으로 한정된 구매담당자 스마트폰에 설치할 수 있다면, 구매사와 공급사 모두의 애로사항을 개선할 수 있지 않을까?", "언어의 장벽을 최소화하기 위해 사용 언어를 직접 선택하도록 하고, 구매사와 공급사가 편하게 채팅(Chatting)하며 견적서를 교환할 수 있도록 구현하면 글로벌 플랫폼으로 성장할 수 있지 않을까?"

당시 단체장의 지지에 힘입어 저자는 Expo App을 기획하고 구축할 수 있었다. 막강한 영향력을 행사하던 대만의 잡지 매체를 넘어 업종 내 독자적인 플랫폼으로 성장하겠다는 목표도 세웠다.

우선 Expo App은 유력 B2B 전시회에 출품하는 공급사 정보, 주요 생산품, 인증 내역, 카탈로그(Catalog) 자료, 영업담당자 연락처 등의 DB를 구축하고, 한국어, 영어, 중국어, 일본어, 독일어 등 주요 언어별로 DB를 확대하였다. 사용자가 선택하는 언어에 따라 정보가 조회되고, 채팅이 가능하도록 Expo App을 구축하였다.

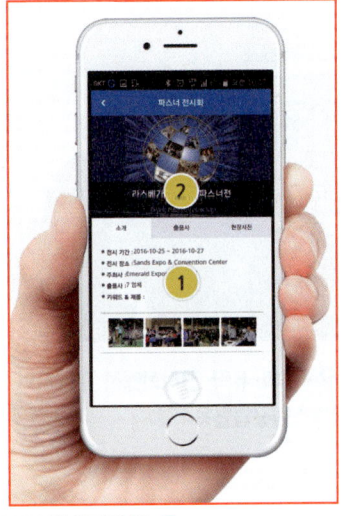

【<출처: 한국파스너공업협동조합>】

Expo App 구축 후에는 주요 국가의 유력 B2B전시회 현장에서 Expo App 플랫폼을 소개하고 홍보하였다.

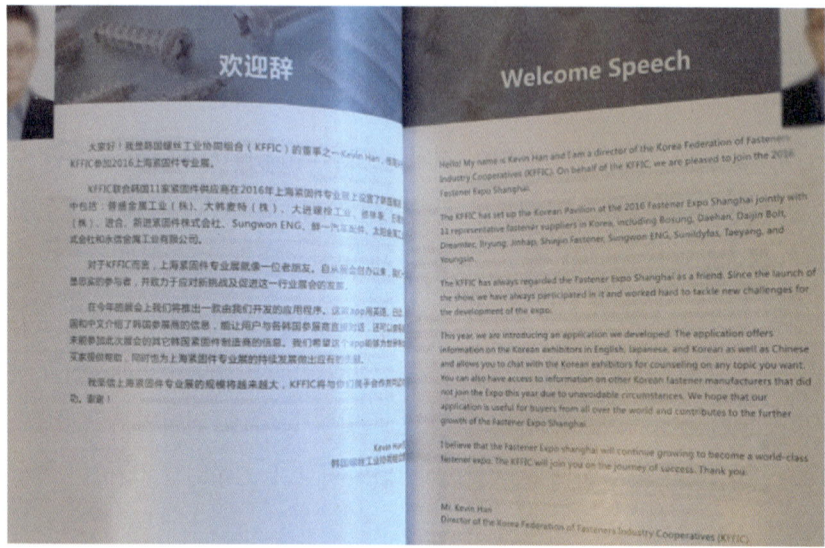

【중국 상해 유력 전시회의 주최사 공식 디렉토리를 통해 저자의 Expo App 플랫폼 소개 내용 <출처: Shanghai Ebseek Exhibition Co. Ltd>】

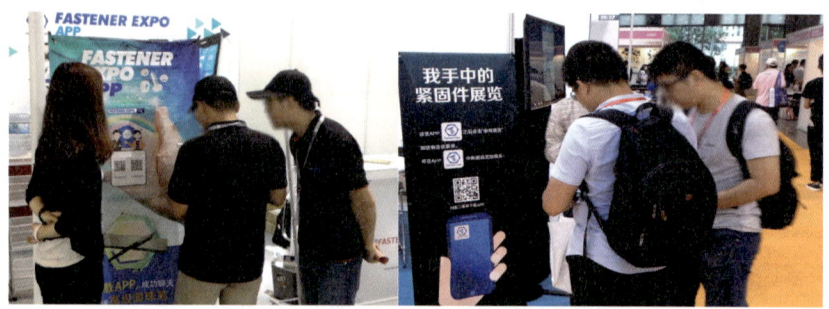

【중국 상하이의 유력 전시회에서 구매사와 공급사를 대상으로 Expo App 홍보 현장 <출처: 한국파스너공업협동조합>】

아쉽게도 업종 생태계의 플랫폼으로 성장하겠다는 몇 년간의 '도전'은 이직 과정에서 물거품이 되어버렸다. Expo App의 도전은 중단되었

【미국 라스베이거스의 유력 전시회에서 공급사와 Expo App이 연계하여 홍보하는 현장. <출처: 한국파스너공업협동조합>】

【미국 라스베이거스 유력 전시회의 세미나에서 저자의 Expo App 플랫폼 강연 현장】

고, 결국 저자에게 시행착오 사례로 남았다. 여러 원인이 있겠지만, 치열한 경쟁에서 독자 생존하기 위해 별도 법인으로 독립하고 킬러콘텐츠(Killer Contents, 경쟁자를 몰아낼 핵심 콘텐츠)와 킬러서비스(Killer Service, 경쟁자를 몰아낼 핵심 서비스)를 본격적으로 구현하는 등의 '끈질긴 승부수'가 필요했다. 당시의 시행착오는 소중한 경험으로 남았고, 국내외를 오가며 쏟아낸 땀과 열정은 이 순간 드론공유서비스(Sharing Drone Service)를 추진하는 밑거름이 되고 있다. 이제 시행착오 사례에 이어 성공 사례와 성공 전략에 대해 살펴보겠다.

플랫폼 비즈니스의 주요 기업을 살펴보면, 전자상거래 플랫폼으로 시작해 다양한 분야로 사업을 확장한 아마존(Amazon), 인터넷 검색엔진을 핵심으로 스트리밍 플랫폼 유튜브(Youtube)와 모바일 플랫폼 안드로이드(Android)에 이르기까지 여러 플랫폼을 장악한 구글(Google), 공유경제의 상징이 된 우버(Uber), 에어비앤비(Airbnb) 등이 있다. 플랫폼 비즈니스가 부상하는 이유는 현재 산업의 주도권을 이들 플랫폼 기업이 쥐고 있기 때문이다. 2019년 9월 기준으로 전 세계 시가총액 상위 10개 기업 중 플랫폼 사업을 영위하고 있는 기업이 7개에 달하며, 이들의 시가총액 합산액은 5조 1,243억 달러(USD $5124.3B) 규모로 나타났다. PC OS 플랫폼인 윈도(Windows)를 주력 사업으로 하다가, 최근에는 B2B 클라우드 플랫폼 사업에 집중하고 있는 마이크로소프트의 시가총액이 1조 616억 달러(USD $1061.6B)로 1위에 올랐으며, 스마트폰, 모바일 OS, 앱스토어로 이루어진 아이폰 플랫폼을 소유한 애플(Apple)이 1조 122억 달러(USD $1012.2B)로 뒤를 쫓고 있다. 또한, 세계 최대의 전자상거래 플랫폼 기업인 아마존(Amazon), 검색 기반 인터넷 광고 플랫폼과 유튜브(Youtube) 영상 스트리밍 플랫폼을 보유한 구글(Google)

의 지주회사인 알파벳(Alphabet), 소셜네트워크 서비스 플랫폼 기업인 페이스북까지 주요 기업들이 플랫폼 사업을 기반으로 하고 있다.

세계경제포럼(WEF)에 따르면 2018년 말 기준 상위 242개 플랫폼 기업의 시가총액은 7조 1,760억 달러(USD $7176B)에 달한다. 또한 세계경제포럼(WEF)은 2025년경 디지털 플랫폼이 창출할 매출액이 60조 달러(USD $60000B)로, 전체 글로벌 기업 매출액의 30%를 차지하게 될 것으로 전망했다. 더불어, 세계경제포럼(WEF)은 향후 10년간 디지털 경제에서 창출될 새로운 가치의 60~70%가 데이터 기반의 디지털 네트워크와 플랫폼에서 발생할 것으로 전망하고 있다.

앞에서 소개한 바와 같이, 플랫폼 비즈니스는 사업자(공급자)가 네트워크를 구축하여 소비자가 시간과 공간의 제약을 받지 않고 참여할 수 있도록 하는 사업형태를 말한다. 플랫폼 비즈니스 전략은 물품이나 서비스를 제공하는 공급자와 이를 사용하는 수요자로 구분되는 양면(다면)시장을 활용한다. 플랫폼 비즈니스는 공급자와 수요자를 중개하는 역할을 수행하는 과정에서 수익을 창출한다. 플랫폼 비즈니스는 확장성이 매우 큰 특징이 있으며, 민간 기업이 주로 추진하는 모델로 고도의 운영 전략이 필요하다. 플랫폼 비즈니스는 기존 시장과의 충돌 가능성이 존재하며 수요자와 공급사를 유인할 킬러콘텐츠(Killer Contents, 경쟁자를 몰아낼 핵심 콘텐츠)나 킬러서비스(Killer Service, 경쟁자를 몰아낼 핵심 서비스) 등의 노하우가 필요하다.

플랫폼의 특징을 보다 구체적으로 살펴보면, 비즈니스 경계 파괴, 생태계 기반, 네트워크 효과, 승자독식 수익 구조, 양면(다면) 시장 구조 등으로 요약할 수 있다.

◉ 비즈니스 경계 모호 및 다변화

플랫폼에서는 산업의 경계가 모호해지며 비즈니스 간 융합과 사업 확장 및 다변화 현상이 나타난다. 일본의 전자상거래 플랫폼 기업인 라쿠텐(Rakuten)은 일본 최대의 인터넷 쇼핑몰인 라쿠텐을 운영하며, 동시에 신용카드, 은행 등 금융·핀테크 서비스와 함께 여행산업(라쿠텐 트래블)까지 다양한 분야에서 사업을 진행하고 있다. 마찬가지로 중국의 알리바바(Alibaba)는 전자상거래로 사업을 시작해 핀테크 등 여러 분야로 사업을 확장해오고 있다.

◉ 생태계 기반

플랫폼은 생태계에 기반한다. 이때 생태계에 참여하는 기업은 공급자와 수요자는 물론 광고 기업 등 다면 플랫폼의 주요 구성원을 포함한다. 또한, 하드웨어 제조사와 함께, 플랫폼상에서 제공되는 공통 기술을 통해 다양한 애플리케이션을 제작·공급하는 소프트웨어 개발사도 포함된다. 주요 구성원 간의 활발한 상호작용과 여기서 창출되는 가치가 생태계 활성화를 좌우하는데, 결국 플랫폼 생태계의 성패는 참여자에게 얼마나 많은 효용과 가치, 수익을 제공하느냐에 달려 있다.

◉ 네트워크 효과

플랫폼에서 가장 중요한 특징은 네트워크 효과(Network effect)이다. 플랫폼 비즈니스는 공급자와 수요자로 구성되는 다수의 참여자가 공통의 플랫폼을 공유하며, 참여자들 간의 상호작용으로 가치가 창출된다. 따라서 참여자가 많아질수록 1인당 거래 및 운영 비용이 절감되고, 참여자들 간 연결과 상호작용이 활성화되어 효용은 높아진다. 이러한 구조와 특징을 플랫폼의 네트워크 효과라고 지칭한다. 플랫폼 비즈니스는 주로 승자독식 수익 구조를 보이는데, 네트워크 효과는 소수의 플랫폼 기업이 대부분의 시장 수익을 차지하게 만드는 원인이 된다.

플랫폼의 네트워크 효과는 일명 눈덩이 효과(Snowball effect)로도 일컬어지는데, 주먹만한 눈덩이를 계속 굴리며 뭉치다 보면 어느새 산더미만큼 커지는 현상으로 참여자가 늘어나며 강해지는 플랫폼의 매력과 장점이 또 다른 참여자를 불러들여 플랫폼의 규모가 급격하게 팽창하는 특징을 설명하는 데 유용하다.

◉ 승자독식 수익 구조

참여자 증가에서 비롯되는 플랫폼 매력도 증가가 다시 참여자 증가로 연결되는 선순환 구조가 만들어지고, 플랫폼의 지배력과 영향력이 더욱 굳건해지면서 기존 유저가 이탈하지 못하는 락인(Lock-in) 현상이 나타난다. 따라서 플랫폼 비즈니스에서는 초기에 사용자를 임계점(Critical mass)까지 확보하는 것이 사업의 성패를 좌우하고, 이를 위해 플랫폼 기업은 초기에 적자를 감수하면서 무료나 매우 적은 비용으로 서비스를 제공하며 가입자를 유치하기도 한다. 일단 시장이 형성되기 시작하면 유사 서비스나 플랫폼이 시장에 진입하고 이들 간의 경쟁이 치열해진다. 이 시기에는 적자를 버티며 시장에서 살아남는 것이 플랫폼 기업의 지상과제가 된다. 이러한 이유로 초기 플랫폼 기업들은 대규모 자본을 투자받으면서 경쟁에서 승리하기 위한 실탄을 확보하기도 한다.

⦿ 양면(다면) 시장 구조

　플랫폼의 또 다른 특징은 양면 시장, 또는 다면 시장 구조이다. 양면(다면) 플랫폼은 2개, 혹은 2개 이상의 고객 집단, 또는 참가자 집단 간의 직접적인 상호작용을 통해 가치를 창출하는 기술이나 제품, 서비스를 가리킨다. 상당수의 플랫폼은 양면, 또는 다면 플랫폼에 속한다. 플랫폼을 매개로 수요자와 공급자, 그 외 참여자가 연결되어 다양한 상호작용이 일어나는 양면(다면) 시장의 구조는 간접, 직접 네트워크 효과를 만들어내는 원동력이 된다. 양면(다면) 플랫폼을 설계할 때는 4가지 요소를 중점적으로 고려해야 한다.

　첫 번째, 플랫폼 생태계에 참가시킬 집단의 수를 정해야 한다. 주로 수요자, 공급자, 광고주로 이루어진 3면 플랫폼이 일반적이며, 그 외 수요자, 공급자로 이루어진 2면 플랫폼과 제4의 주체가 참여하는 4면 플랫폼도 존재한다. 참가자 집단의 수를 어떻게 설정하느냐에 따라 플랫폼 운영, 수익 모델 양상이 달라지게 된다.

　두 번째, 플랫폼의 가격 구조를 고려해야 한다. 많은 플랫폼이 1개 이상의 참가자 집단에게 무료 서비스나 가격 보조를 제공하는 대신, 다른 집단으로부터는 수익을 취하는 비즈니스 모델을 갖고 있다. 이 과정에서 어떤 집단에게 어떤 가격 수준과 수익 구조(유료, 무료)를 설정해야 할지 결정하게 된다. 예를 들어 네이버(Naver)와 같은 인터넷 포털은 거의 대부분의 서비스를 수요자(사용자)에게 무료로 제공한다. 이로부터 확보된 대규모의 수요자(사용자)들은 훌륭한 광고 노출 수익원이 되고, 실제 수익은 네이버에 광고를 게재하는 광고주로부터 거두어들이는 구조이다. 플랫폼의 가격 구조를 설계할 때는 가격 민감도가 낮은 집단, 플랫폼으로부터 더 많은 이익을 얻는 집단에 더 높은 가격을 부과해야 한다.

세 번째 고려 사항은 플랫폼을 통해 발생하는 가치를 누구에게 얼마나 배분할 것인가이다. 플랫폼에 참여하는 집단은 서로 자신이 취할 수 있는 수익이나 효용성을 극대화하고자 하는 욕망을 지니고 있다. 예를 들어, 광고 기반 플랫폼(SNS, 포털, 검색엔진)은 더 많은 광고를 눈에 잘 띄는 공간에 배치하고 싶어하는 광고주의 욕망과 거추장스러운 광고 없이 서비스를 쾌적하게 이용하고 싶은 사용자의 욕망이 충돌할 수밖에 없다. 이 과정에서 광고주의 이익을 우선시하는, 즉 화면에 노출되는 광고 수와 수요자(사용자)의 클릭을 유도하는 장치를 늘린 서비스는 단기적으로는 수익 상승 효과를 볼 수 있을지 모르지만 서비스에 불편함을 느낀 수요자(사용자)가 이탈하게 되는 부작용을 겪게 될 수도 있다. 따라서 다면 플랫폼의 가치 균형을 유지하기 위해 각 집단 간 수익과 효용성을 적절하게 분배하고, 어느 한쪽의 가치가 극단적으로 늘어나거나 줄어들지 않도록 관리해야 할 필요가 있다.

마지막 고려 사항은 플랫폼 참가자를 얼마나 어떻게 관리할 것인가로 연결되는 운영방식의 문제이다. 플랫폼 소유자는 플랫폼에 대한 접근 규칙, 플랫폼상에서 이뤄지는 상호작용 규제 등을 관리함으로써 플랫폼의 생태계 운영방식을 결정한다. 가령 자사 스마트폰 플랫폼인 iOS 생태계를 엄격하게 통제하는 애플(Apple)과 개방형 플랫폼인 안드로이드(Android) OS를 제공하는 구글(Google)도 상호 상반되는 운영방식을 취하고 있다. 애플(Apple)의 iOS 개발자들은 애플(Apple)이 제공한 개발 도구만을 사용해야 하며, 앱스토어에 앱을 승인할 때도 애플(Apple)의 통제를 받는다. iOS 사용자들은 신뢰도가 높고 검증된 앱을 사용할 수 있다는 장점을 누릴 수 있다. 반면에 구글(Google)은 안드로이드(Android) OS를 스마트폰 제조사가 수정할 수 있도록 허용하고 있으며, 앱 마켓의 통제도 앱스토어보다 더 유연하게 하고 있다. 이에 따라 안드로이드(Android) 사용자들은 더 많은 스마트폰과 더 많은 앱들을 사용할 수 있지만, 각 스마트폰 모델 및 앱들의 서비스 품질이 높은 수준을 유지하지 못하거나 들쑥날쑥하게 될 수 있다는 문제가 발생한다.

이제 드론공유서비스(Sharing Drone Service)의 플랫폼(Platform) 서비스를 요약 소개한다. 플랫폼(Platform) 서비스는 연령대를 불문하고 다양한 강력범죄에 경각심이 높은 일반 고객을 대상으로 한다. 촬영이나 측량, 탐지, 방제 등의 드론 서비스가 필요한 고객도 대상이다.

관련하여 한국 국민권익위원회로 접수된 민원을 분석하여 보니, 한국 사회에 CCTV(Closed-Circuit Television) 설치 요청 민원이 많이 있었다. 특히 서울지역 CCTV 관련 민원은 31만 7683건으로 총 민원의 12.47%에 달했고, 특히 20대 여성들이 다수 민원을 제기하였는데 이는 강력범죄에 대해 경각심이 커졌기 때문으로 보인다.

플랫폼(Platform) 서비스가 고객에게 제안할 가치는 '안전

(Safety)과 원스톱(One-stop)' 솔루션이다. 플랫폼(Platform) 서비스를 통해 고객에게 '안전(Safety)과 원스톱(One-stop)' 솔루션을 제공한다. 이를 위해 드론이 필요할 때면 마치 승차공유나 택시처럼 편리하게 활용하도록 서비스하고, 전문적인 드론조종사가 필요할 때마다 쉽게 찾아 연결하며, 드론 구매 후 사용하지 않는 기간에는 타인에게 임대하고 수수료를 받을 수 있도록 서비스한다.

플랫폼(Platform) 서비스가 연계할 대상은 5G 상용화 이후 '초연결·초융합' 사업에 박차를 가하고 있는 통신사이다. 최근 통신사 별로 드론 관련 제휴를 잇달아 발표하고 있는데, 앞서 언급한 바와 같이 드론공유서비스와 통신사가 연계하면 이전에 없던 혁신 서비스를 광범위하게 제공할 수 있다. 더불어, 플랫폼(Platform) 서비스는 보안업체와 연계하여 고객에게 '안전(Safety)과 원스톱(One-stop)' 솔루션을 제공하는 것이 필요하다.

참고로, 한국 국토교통부는 드론법 시행을 통해, '드론 관련 규제 특례 운영', '창업 및 연구개발 지원', '드론기업 해외진출 지원', '드론 전문인력 양성' 등 드론산업 육성에 박차를 가할 것이라고 밝힌 바 있다. '드론 특화도시'를 구축함으로써 일상 속 드론 활용 시대를 열고 드론 관련 창업 비용 및 장비·실비를 지원하여 혁신성장의 원동력인 드론 벤처기업을 적극 육성하겠다고 발표하였다.

드론공유서비스(Sharing Drone Service)의 핵심 사업 모델은 플랫폼(Platform) 서비스이다.

2) 임대(Rental) 서비스

드론공유서비스(Sharing Drone Service)의 핵심 사업 모델은 임대(Rental) 서비스이다. 임대(Rental) 서비스는 이용자에게 정해진 기간 물건을 대여하고 그 대가로 사용료를 받는 서비스를 말한다. 소비자의 구매력 감소, 제품 교체 주기 단축, 인구 구조 변화(고령인구 증가, 1인 가구 증가) 등으로 인해 합리적 소비에 기반한 임대 서비스가 확산되고 있다.

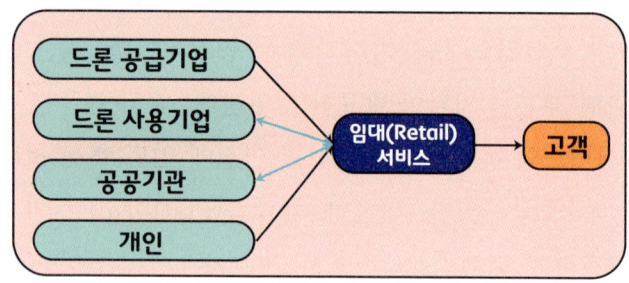

드론공유서비스(Sharing Drone Service)는 지역별 매장을 구축하고, 고객이 드론을 직접 구입하지 않더라도 편리하게 임대하여 사용할 수 있도록 서비스한다. 고객을 대상으로 드론 임대(Rental) 서비스를 제공하고, 고객의 요구에 따른 드론 비행계획을 수립하며, 드론 기체 및 사용할 센서, 카메라 등을 선정하고, 항공관제 규정의 확인 및 등록, 드론 조종 및 임무수행, 데이터 수집 및 분석, 리포트의 작성 등 일련의 과정을 원스톱으로 제공한다. 드론을 보유한 고객에게는 드론 보관 서비스, 드론 유지보수 서비스를 제공한다. 또한, 드론을 사용하지 않는 기간에는 타인에게 임대하고 수수료를 받을 수 있도록 연결 서비스를 제공한다.

드론 택배와 드론 택시 등 드론 관련 다양한 시도가 한국은 물론 주요 국가에서 진행되고 있음을 감안하여, 운영 및 정비업무를 연계하여 서비스한다.

【<출처 : 위키미디어 커먼스
(저작자:Cpl. Neysa Huertas Quinones / Public domain)>】

더불어, 임대(Rental) 서비스는 지역별 밀착 서비스를 추구한다. 지역주민에게 드론과 관련한 유용한 정보를 제공하고, 농업방제, 정밀농업, 측량, 재난관리, 영상촬영 등 지역 주민에게 필요한 서비스를 제공한다. 관련하여 '드론, 모의 조난자 구조대회' 사례를 소개한다.

【<출처: 한국드론조종사협동조합>】

2019년 9월, 충북 진천군 광혜원면 실원리 일대에서 드론 조종사 등 드론 전문가는 물론 드론으로 조난자를 구조하는 일에 관심이 높은 일반인들이 참가하여, 지역 주민들과 함께 드론 구조 방법을 공유하였다.

【<출처: 한국드론조종사협동조합>】

임대(Rental) 서비스와 관련하여 저자가 ㈜CBSi 재직할 당시 기획하여 개최한 '프로젝터(Projector) 비교 시연회' 사례를 추가 소개한다. 빔프로젝터(Beam Projector)는 빛을 이용하여 슬라이드나 동영상 이미지 등을 스크린에 비추는 장치이며, 최근에는 영화를 보거나 프레젠테이션(Presentation) 용도로 많이 활용되고 있다. 그러나 2000년대 초반만 해도 일부 기업 등에서 빔프로젝터를 사용하기 시작하였으나 이전에 많이 활용하던 OHP(OverHead Projector) 대비 고가였고, 어떤 빔프로젝터가 수요자 환경에 적절할지에 대한 정보가 부족하던 시기였다. 당시 빔프로젝터는 저자가 근무하던 인터넷 쇼핑몰(CBSimall)의 주요 품목군이 아님에도 불구하고 Q&A, 이메일 등을 통해 문의가 많았던 기억이다. 관련 문의에 응대하던 중 "빔프로젝터를 모두 모아 동일조건으로 오프라인 시연회를 열고 정보를 공유한다면, 수요자 구매 선택에 도움이 되지 않을까?", "시연회를 통해 정보가 충족되면, 공급사에게 실질적인 매출 효과가 발생하지 않을까?"라는 생각을 하게 되었고, 곧 '프로젝터(Projector) 비교

시연회'를 기획하였다. 주요 브랜드 기업, 총판, 대리점 등을 찾아다니며 긴 설득작업이 있었고, CBS 공개홀에서 '프로젝터 비교 시연회'를 개최하였다.

【프로젝터 비교 시연회 개최 현장 (CBS 공개홀) <출처: ㈜CBSi>】

다행히 교회 등 종교기관, 학교, 기업 등에서 시연회를 찾은 수요자가 공개홀을 가득 메웠고, 다소 회의적이었던 공급사조차 상설 시연회 및 투자를 제안할 정도로 '빔프로젝터'가 별도의 오프라인 비즈니스 모델로 자리했다.

저자는 현재의 '드론'이 과거 빔프로젝터 구매상황과 유사한 측면이 있음을 체감하곤 한다. 유통 구조상 주요 공급사가 해외 기업이고, 유튜브(Youtube) 등에 구매 정보가 풍부한 듯 보여도 상당수가 공급사 중심 정보여서 막상 구매를 결정하기가 쉽지 않다. 구체적인 실행

방법에는 차이가 있겠지만, 만일 "영상 촬영, 농업방제, 정밀농업, 측량, 재난관리 등 분야별 주요 드론을 한자리에서 비교할 수 있다면 어떨까?", "분야별 주요 드론을 수요자가 필요한 조건으로 비교할 수 있다면, 수요자의 구매 혹은 임대 선택에 도움이 될 수 있지 않을까?", "정보가 충족되면, 공급사에게도 궁극적인 매출 효과가 발생하지 않을까?" 임대(Rental) 서비스와 연계하여 필요한 아이템이다.

이제 임대(Rental) 서비스를 요약 소개한다. 대상 고객은 드론을 임대로 사용하는 개인과 기업, 공공기관이다. 고객에게 제안할 가치는 '원스톱(One-stop)' 솔루션이다. 드론공유서비스를 통해 고객에게 '원스톱(One-stop)' 솔루션을 제공한다. 이를 위해 지역별 매장을 구축하고, 인근 지역 고객의 요구에 따른 드론 비행계획을 수립하며, 드론 기체 및 사용할 센서, 카메라 등을 선정하고, 항공관제 규정의 확인 및 등록, 드론 조종 및 임무수행, 데이터 수집 및 분석, 리포트 작성 등 일련의 과정까지 원스톱으로 서비스한다. 드론 구매 후 사용하지 않는 기간에는 타인에게 임대하고 수수료를 받을 수 있도록 서비스한다. 플랫폼(Platform) 서비스를 운영 지원하며, 정비 서비스를 수행한다. 또한, 드론택배와 드론 택시 등 '미래 도심형 항공 모빌리티(UAM, Urban Air Mobility)' 추진현황을 주시하며, 관련 운영 및 정비부문을 준비한다.

한국 국토교통부는 도심 내 드론 실증 가능한 드론특별자유화구역 지정·운영 계획 등을 발표하면서 이를 통해 물류배송, 치안·환경 관리, 나아가 드론 교통까지 다양한 드론 활용 모델을 실제 현장에서 자유롭게 실증할 수 있게 된다고 밝힌 바 있는데, 임대(Rental) 서비스와 연계시 시너지(Synergy) 효과가 기대된다.

3) 교육(Education) 서비스

드론공유서비스(Sharing Drone Service)의 핵심 사업 모델은 교육(Education) 서비스이다. 빠르게 변화하는 시대에는 바뀐 노동환경에 적합한 인재의 수요가 증가한다. 4차 산업혁명으로 인해 새로운 기술이 확산됨에 따라, 이에 부응하는 인재 교육의 중요성이 떠오르고 있다.

한국 통계청이 발표한 '2019년 12월 및 연간 고용 동향'에 따르면, 한국경제의 '허리'를 담당하는 40대 취업자가 16만 2,000명이 줄어 1991년 이후 28년 만에 감소 폭이 가장 컸다고 한다. 30대 취업자 역시 전년 대비 5만 3,000명이 줄었다. 그나마 60대 이상의 취업자 수가 늘었는데, 이는 상당수 정부가 재정을 투입해 만든 단기 재정 일자리라는 평가이다. 게다가 COVID-19의 팬데믹(Pandemic, 세계적 대유행)으로 글로벌 경제위기가 현실화한 가운데, 한국경제는 장기 불황의 우려가 있다. 국제노동기구(ILO)는 COVID-19 팬데믹으로 인해 2,500만 개 일자리가 사라질 것으로 전망하였는데, 심각한 일자리 위기이다.

교육(Education) 서비스는 대학 등과 연계하여 '드론공유전문가'를 육성한다. 드론 택시, 드론 택배 등이 한국은 물론 주요 국가에서 시도되고 있음을 감안하여, 드론 운영 및 정비 전문가인 '드론공유전문가'를 육성한다. 이를 위해 PAV 핵심기술에 대해 교육한다.

부문	핵심기술
추진계통	¤ 전기추진수직이착륙(eVTOL) ¤ 엔진 출력 효율 개선 ¤ 동력·추력 계통 부문 소음저감 기술(Ducted Fan 등), 차세대 로터/프로펠러 기술(Bladeless Propeller 등) ¤ 파워드레인(전력전자장치 등)
소재·구조	¤ 저중량 고강도 복합 소재 개발·적용 ¤ 기체 저중량을 위한 최적 설계 기술(Fly-By-Wire 등) ¤ Dual Mode(도로주행/비행) 움직임 구현을 위한 형상 변경 기술(Tiltable Fan 등)
제어·안전	¤ 조종성 향상 및 추력조절 ¤ 복합 안전구조 메커니즘(Fail-Safe Mechanism) 설계 ¤ 파일럿사출시스템, 탄도회복패러슈트(Ballistic Recovery Parachute) 등 ¤ 생체측정센서
공력	¤ 최적 Body 형상 설계를 통한 양력 극대화 및 항력 최소화 기술
항행·통신	¤ 자동비행(Automatic Flight) 및 자율비행(Autonomous Flight) 기술 ¤ 최적항로 예측 기술 ¤ 집단 PAV 관제 기술 ¤ 장애물 탐지 및 충돌회피방지 알고리즘/센서, GPS 등
배터리	¤ 연료전지, 니켈수소전지, 리튬이온배터리 등 차세대 배터리 기술 및 에너지 밀집도 개선
사이버보안	¤ 무선펌웨어(Firmware Over the Air) 업데이트 기술 등 안티해킹 보호기술

【PAV핵심기술군〈개인용항공기(PAV) 기술시장 동향 및 산업환경 분석보고서, 2019.05.04. 항공우주연구원〉】

FC(Flight Controller, 비행제어장치) 등 드론의 핵심 부품에 대해 교육한다.

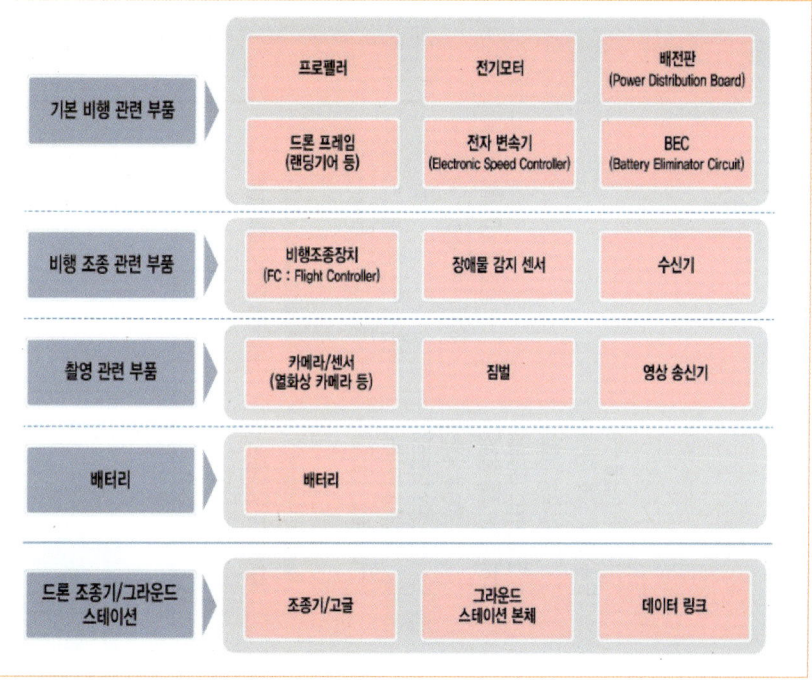

【드론 주요 부품 <출처: 드론 주요시장 보고서, 2019.12.19. KOTRA>】

드론의 항공관제 관리 툴을 제공하는 UTM(Unmanned Aircraft Traffic Management, 드론 항공교통 관제) 소프트웨어 개발, 자율비행 기술 등 주요 소프트웨어에 대해 교육한다.

드론공유서비스(Sharing Drone Service)의 교육(Education) 서비스는 드론의 글로벌 운영 및 정비 전문가인 '드론공유전문가'를 꿈꾸는 고객을 대상으로 한다. 고객에게 제안할 가치는 'Connected(연계)' 솔루션이다. 대학은 물론 전문기업과 연계하여 '드론공유전문가'를 육성한다. 드론 택시, 드론택배 등 '미래 도심형 항공 모빌리티(UAM, Urban Air Mobility)' 추진현황을 감안하여 해외 전문기업과 연계하고, 기존에 배출된 드론조종사 중 희망자를 재교육하여 '드론공유전문가'를 육성한다.

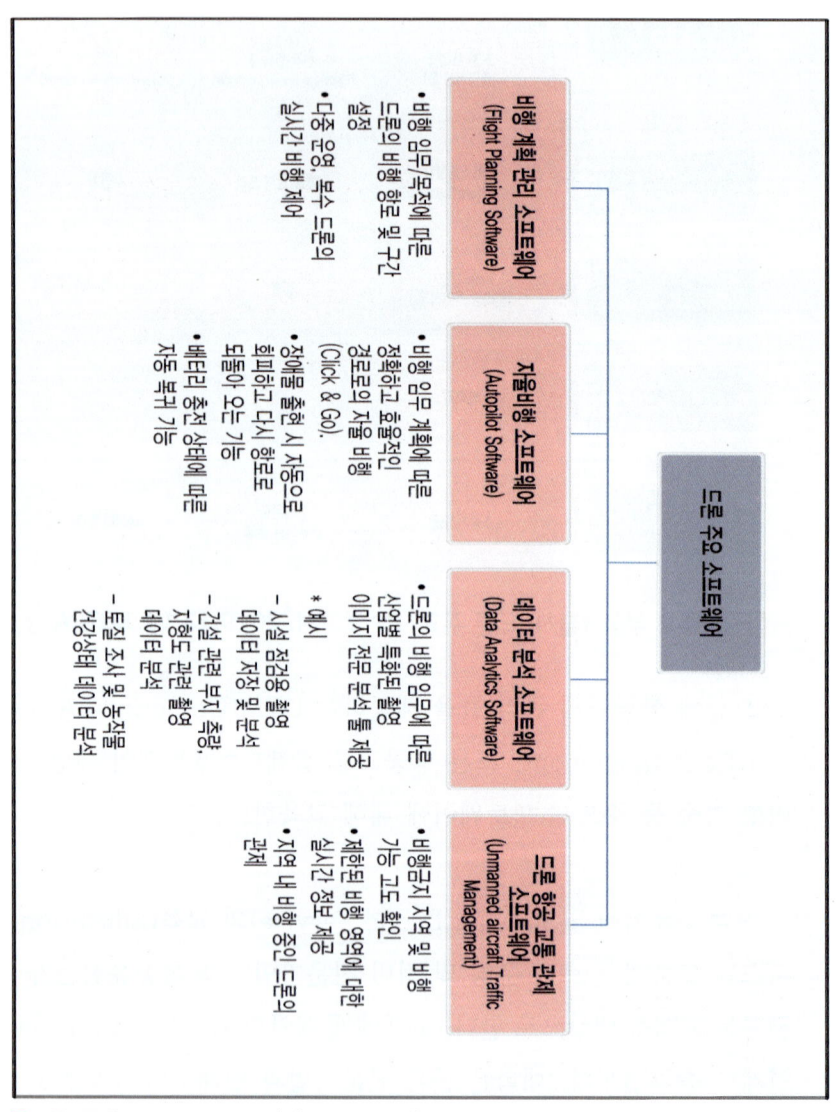

【드론 주요 소프트웨어 <출처: 드론 주요시장 보고서, 2019.12.19., KOTRA>】

관련하여 한국 산업통상자원부는 4대 유망 신산업에 참여하고 있는 사업체를 대상으로 산업기술인력 실태조사를 진행한 결과, 항공드론 분야 부족 인력이 4,755명에 달한다고 발표한 바 있다. 항공드론 분야의 경우 2028년까지 4.4천 명이 추가로 필요하며, 연평균 6.7% 수요가 증가하는 것으로 발표하였다. 더불어 국토교통부도 드론법 시행을 발표하며, 드론 전문인력 양성을 통해 국내 드론산업 육성에 박차를 가할 것이라고 밝힌 바 있다.

드론공유서비스(Sharing Drone Service)의 핵심 사업 모델은 교육(Education) 서비스이다.

【저자가 대학에서 드론을 강의하는 현장】

4) DaaS(Drone as a Service)

　　드론공유서비스(Sharing Drone Service)의 핵심 사업 모델은 DaaS(Drone as a Service) 서비스이다.
　'DaaS(Drone as a Service)'를 해석하면 '서비스로서의 드론'인데, 기업고객을 대상으로 드론을 활용한 종합 서비스를 제공하는 것이다. 기업고객에게 임대(Rental) 서비스를 제공하고, 기업고객의 요구에 따른 드론 비행계획을 수립하며, 드론 기체 및 사용할 센서, 카메라 등을 선정하는 서비스이다. 더불어, 항공관제 규정의 확인 및 등록, 드론 조종 및 임무 수행, 데이터 수집 및 분석, 리포트 작성 등 일련의 과정을 모두 원스톱으로 제공하는 서비스이다. 글로벌 드론 시장에서 가장 규모가 커질 것으로 전망된다.

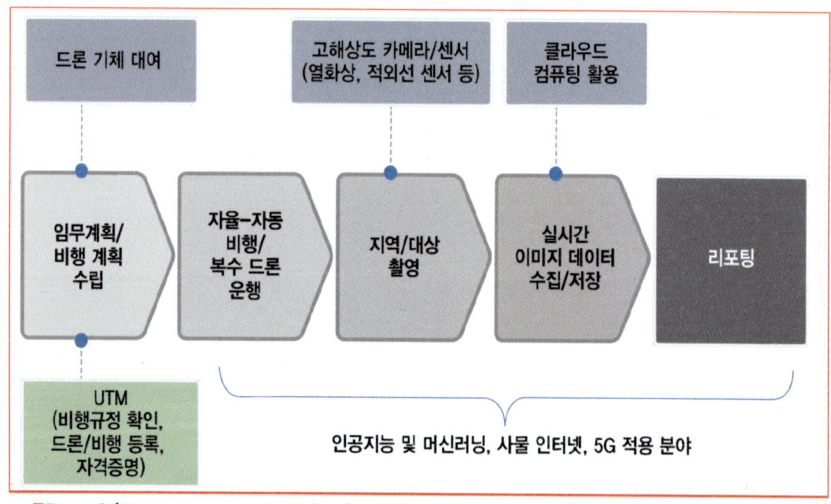

【DaaS(Drone as a Service) 범위】
〈출처 : 드론 주요 시장 보고서, 2019.12.19. KOTRA〉

　참고로, 드론 서비스가 가능한 산업 분야를 Drone Industry

Insights 자료를 통해 소개하면 다음과 같다.

NO	산업분야	드론 활용 사례
1	에너지 및 유틸리티 (가스, 전기 등)	굴뚝, 정제공장, 전선, 송신탑, 가스 및 석유 파이프라인, 기타 공사 시설 등의 점검 등
2	건설업	건설현장 조사, 부지측량 및 건설계획 자료 수집, 지형도 작성, BIM(Building Information Modeling) 등
3	농업	토질 조사, 농작물 건강상태 체크, 비료살포 및 적정 비료 살포량 설정, 농작물 질병 확인 등
4	교통 및 창고관리	교량, 공항, 도로, 철도 등 교통 시설 파손 등 검사, 드론 배송, 창고 내 재고 검사 등
5	정보(Information)	영화 제작, 뉴스 및 TV 프로그램 제작 등
6	광업, 석유 및 가스 채굴	가스 탐지, 지역 매핑, 광산 관련 시설 측량 및 검사 등
7	일반 행정	해양 오염 조사 및 감시, 산불감시, 홍수 조사, 도시 맵핑(Mapping), 토지 조사
8	예술, 예능, 레저	드론 활용한 예술작품(드론 쇼 등), 드론 레이싱, 드론 활용한 광고 등
9	부동산, 렌탈, 리스	건물 검사, 지붕 검사, 열화상 조사
10	보험	건물/지붕 손상 정도 산정 및 보험료 산정
11	건강 관리 / 사회적 지원	실종자 수색, 재난 구호(산악 및 해양 구조), 혈액/의약품 배송
12	전문적, 과학적, 기술적 서비스	자연 생태 조사, 공기 질 측정, 농업 토지 검사 등
13	안전 및 보안	국경 감시, 건물 침입자 감시, 이벤트 경비
14	교육	교육/연구 기관 등의 야생 생태 조사, 공기 질 측정 등
15	폐기물 관리	매립지 및 매립 상황 조사 등

【상업용 드론의 활용이 가능한 산업 <출처: 드론 주요시장 보고서, 2019.12.19., KOTRA>】

미국의 경우, 상업용 드론의 소프트웨어, 하드웨어, 서비스 분야 중 가장 큰 비중을 차지하는 부문이 서비스 분야이다. 드론을 활용하여 건설업, 농업, 광업, 에너지 기업들에게 정밀한 측량, 지도작성, 건물 유지보수를 위한 조사, 배송 등의 서비스를 제공한다. 2018년 기준 미국 드론 시장 내 상업용 '서비스' 부문 시장 규모는 약 34억 달러(USD $3.4B)이며, 2024년에는 약 79억 달러(USD $7.9B) 수준까지 성장할 전망이다.

일본의 경우, 2018년 기준 드론 서비스 분야의 시장이 362억 엔으로 역시 최대규모이며, 그중 농업 분야가 175억 엔으로 가장 큰 비중을 차지하고 있다. 드론 점검 분야는 43억 엔 수준에서 2024년 1473억 엔으로 대폭 확대될 전망이다. 상대적으로 재해가 많은 일본의 경우, 위험 지역에서의 검사, 점검 작업에 드론이 다양하게 활용되고 있다. 특히 1950년대부터 70년대의 고도경제 성장기에 건설된 교량, 터널 등 인프라 시설이 노후화됨에 따라 유지, 보수를 위한 점검 수요가 생기고 있어 해당 시장 규모가 더욱 커질 전망이다. 드론산업의 무게 추는 DaaS(Drone as a Service)로 옮겨 가고 있다.

드론공유서비스(Sharing Drone Service)의 DaaS(Drone as a Service) 서비스는 기업 및 공공기관을 주고객으로 한다. 고객에게 제안할 가치는 '원스톱(One-stop)' 솔루션이고, 이를 위해 지역별 매장을 구축하여 인근 지역 기업 고객 요구에 따라 드론을 활용한 종합 서비스를 제공한다.

4. 드론공유서비스의 출범 과제

최근 한국경제는 제조업 중심의 수출이 부진하고, 성장률이 둔화되는 등 여러 어려움에 직면해 있다. 게다가 COVID-19의 전 세계 확산으로 인해 장기 불황의 우려마저 있다. COVID-19팬데믹으로 인해 이동을 전제로 하는 항공·여행·호텔·외식 업종 등이 먼저 직격탄을 맞았는데, 항공업종의 경우 국제선 운항이 무려 98.1% 감소했고, 항공사의 매출 피해가 2020년 상반기에만 6조 원 이상으로 추정되었다. 국제선 여객이 급감함에 따라 국제선 운항을 중단되는 등 저비용항공사(LCC)와 대형항공사 모두 한계상황을 경험했다. 하늘길이 막히면서 여행업계는 막막한 '버티기' 상태였다. 해외여행이 급감한 상태에서 매출 비중이 경미한 국내 여행으로는 사실상 '매출 제로' 상태가 되어버린 것이다.

【COVID-19 팬데믹으로 탑승자가 거의 없는 상태에서 운행하는 해외 항공기 내부 <출처 : 위키미디어 커먼스 (저작자:Mx. Granger / CC0)>】

제조업은 COVID-19 팬데믹으로 소비재 및 내구재를 중심으로 한 내수 위축 현상이 발생하고, 주력 제품의 수출이 감소하면서 다시 주요 산업용 소재와 부품, 장비 등의 내수 위축으로 이어지는 악순환이 우려된다. 실제 2020년 4월, 현대자동차의 해외 판매실적이 16년 9개월 만에 최저치로 떨어졌는데, 이로 인해 현대차동차의 전체 판매실적 또한 2006년 7월(12만 8,489대) 이후 가장 낮은 수준을 기록한 바 있다. 기아자동차 역시 해외 판매실적과 전체 판매실적이 2009년 8월 이후 최저 수준을 기록했다.

국제노동기구(ILO)는 COVID-19 팬데믹으로 2,500만 개 일자리가 사라질 것으로 전망한 바 있는데, 2020년 4월 한국의 구직급여(실업급여) 지급액이 사상 최대치인 9,933억 원을 기록했다. 구직급여 지급액이 1조에 육박한 첫 사례인데, 구직급여 신규 신청자가 12만 9,000명으로 1년 전보다 무려 32.9%가 늘었다. 신규 신청자를 업종별로 보면 제조업이 2만2,000명으로 가장 많았고, 도소매 1만 6,300명, 사업서비스 1만 5,700명, 서비스업 1만 5,700명, 보건복지 1만 3,900명, 건설업 1만 3,700명 등의 순서였다.

참고로, 미국의 경우 2020년 4월의 실업률이 14.7%를 기록했는데, 한 달간 일자리가 무려 2,000만 개 이상 사라진 것이라고 한다. 월별 일자리 통계를 내기 시작한 1939년 이후 가장 큰 수치라고 하는데, COVID-19 확산을 막기 위한 자택 대기 명령과 이동 제한 조치의 직격탄을 맞은 레저·음식점·유통 업종을 포함하여 대부분의 업종에서 타격을 입었다. 접객업 일자리 770만 개, 유통업 210만 개, 제조업 130만 개, 사무직 일자리 210만 개, 보건의료 분야 140만 개 등의 일자리가 각각 사라졌다. 가장 안정적이라 평가받는 정부 일자리마저 예산 부족으로 인해 100만 개 가까이 줄어든 것으로 나타났다. COVID-19가 확산하기 전인 미국의 2월 실업률은 3.5%로 50년 만에 가장 낮은 수준이었다. 주목할 것은 미국 최대의 제조업 수출 기업이자 가장 많은 직원을 고용하고 있는 보잉(Boeing)이 위기에 직면했다는 것이다. 보잉(Boeing)은 항공기 뿐만 아니라 군수물자, 인공위성 등을 생산하며 미국 내에서만 16만 명을 고용하고 있으며 창출하는 일자리만 약 250만 개, 부품·정비를 포함해 협력업체가 약 1만 7,000여 개에 달하는 공룡기업이다. 글로벌 항공사들의 경영난에 따른 항공기 인도 연기, 주문 취소가 이어진 가운데, 보잉(Boeing)의 주가와 신용등급 모두 크게 하락하였다. 미국은 보잉(Boeing)의 파산을 막기 위해 대규모 대출 법안을 통과시킨 바 있는데, 귀추가 주목된다.

'비대면'이 일상화되며 우버(Uber)·리프트(Lyft)·에어비앤비(Airbnb) 등의 공유경제 주요 기업들도 직격탄을 맞았는데, 우버(Uber)는 전체 직원의 약 14%에 달하는 3,700명의 직원을 해고하고, 리프트(Lyft) 역시 전 직원의 17%에 해당하는 982명의 직원을 해고하는 한편, 직원 288명에 대해 무급휴직 및 급여 삭감에 나섰다. 에어비앤비(Airbnb)는 전 직원의 약 25%인 1,900명을 해고하였다.

COVID-19로 인한 대량 실업사태가 일시적 해고 성격이기에 '사회적 거리두기(Social Distancing)'가 완화되면 대부분 고용상태로 돌아갈 수 있다는 기대 섞인 전망도 있지만, COVID-19 대응 관리체계를 잘 구축했다는 평가를 받은 일부 국가에서조차 '사회적 거리두기(Social Distancing)'를 완화한 뒤 '2차 대유행'의 불안을 경험한 바 있어 섣부른 기대가 조심스럽다.

오히려, 정부의 지원 프로그램이 종료되면 대규모 실업의 2차 파도가 몰려올 것을 경고하는 목소리도 있다. 어려움을 견디지 못하고 폐업하는 기업들이 늘게 되면 "부분적인 실업이 완전한 실업으로 수렴될 수 있음"을 경고하는 것이다. 실제, 한국 부산상공회의소가 2020년 5월 부산 소재 제조기업들을 대상으로 'COVID-19에 따른 제조업 비상경영대책 현황'을 조사한 결과, 현재 상황이 지속된다면 3개월 이상 버티기 어렵다고 응답한 곳이 34.5%나 되었다. 더불어 6개월 이상 지속 되면 조사기업의 67%가 한계기업으로 내몰릴 수 있는 것으로 응답하였다. 현재 상황이 1년 이상 지속되어도 감내할 수 있다고 응답한 기업은 33%에 불과했다.

UN은 COVID-19 팬데믹으로 인해 2020년 세계 경제 성장률을 전년 대비 3.2% 하락할 것으로 전망했다. 경제활동이 빠른 속도로 제한되는 동시에 불확실성이 커져 세계 경제 성장률이 위축될 것이라고 예상하였는데, 2020~21년 전 세계 GDP가 8조 5천억 달러(USD $8500B) 하락할 것으로 추산하였다. 또한, COVID-19를 경험하며 각국은 경제와 보건의료가 얼마나 밀접되고 서로 보완할 수 있을지를 인식하게 되었다고 지적하고, 국가 간 상호의존도가 저하되며, 공급망이 분단될 수 있다고 진단하였다. 실제 COVID-19로 인해 '세계의 공장' 중국이 멈추자 중국을 주요 생산 거점으로 삼고 있는 애플(Apple)의 2020년 1분기 출하량은 10% 가까이 줄었다. 포드·월풀과 같은 미국 자동차·가전 업체도 중국산(産) 부품 공급이 차질을 빚어 생산 차질을 경험해야 했는데, 글로벌 공급망에 대한 의존도가 높

을수록 타격이 컸다.

'사회적 거리두기(Social Distancing)'가 강화되며 집에서 업무를 하고, 화상으로 회의하며, 원격 강의와 학습 등을 장기간 경험하였다. 혹시나 모를 감염을 피하기 위해 소비자들이 인터넷 쇼핑 공간으로 이동하였고, 의류와 화장품은 물론 가능하면 직접 눈으로 보고 구매하던 고가의 명품까지 인터넷으로 구입하는 사례가 늘어났다. 인터넷 쇼핑몰에서 새벽 배송으로 식료품을 사는 것은 물론 택배기사는 소비자의 주소지 문밖에서 벨을 누르는 데에서 배송업무가 끝이 났다. 고객에게 직접 물건을 전달하기보다는 수령지 문 앞에 물건을 놓고 가는 비대면 배송을 기본으로 하기 시작한 것이다. 다른 사람과 접촉하지 않고 이뤄지는 비대면 서비스가 COVID-19를 만나며 급물살을 타기 시작했다. '언택트(Untact)'로 표현하는 비대면 서비스가 이 시대의 주요 화두로 등장했다.

【대학에서 사회적 거리두기를 위해 중간좌석의 PC 사용을 중지한 모습
<출처 : 위키미디어 커먼스
(저작자:Mbrickn / CC BY)>】

'언택트(Untact)'란 접촉을 의미하는 'contact'에 부정의 의미인 'Un'을 합성한 표현으로, 기술의 발전을 통해 접촉 없이 물건을 구매하는 등의 새로운 소비 경향을 말한다.

비대면 서비스가 증가하면서 향후 사람이 해야 할 일을 기계가 대신하는 경우도 많아질 것으로 보인다. 당장은 한계가 있겠지만 그 경계는 확장될 것이다. 실제, 아마존(Amazon)은 이미 수많은 드론과 로봇들이 물류창고에서 활약하고 있다. 드론 택배의 현실화 가능성을 엿볼 수 있는데, 아마존(Amazon)은 벌집 모양의 드론 둥지와 배송상품을 싣고 14㎞ 높이로 날 수 있는 공중 물류창고에 대한 특허를 신청하였다. 아마존(Amazon)은 2019년 6월에 배송용 자율비행 드론의 최신 모델을 공개하며 "수개월 안에 드론이 소비자들에게 상품을 배달할 것"이라고 밝힌 바 있다.

저자는 COVID-19 팬데믹으로 인해 세계가 ICT(Information and Communication Technologies) 기술과 그 변화를 직접 체험했음에 주목한다. 집에서 업무를 하며, 화상으로 회의하고, 원격 강의와 학습을 장기간 체험하는 등 신기술이 미칠 부작용을 논의하느라 미뤄두었던 일들이 일순간에 현실이 돼버렸다. 흔히 인공지능(AI), 사물인터넷(IoT), 로봇기술, 무인자동차, 생명과학, 빅데이터, 블록체인

등이 사회 전반에 융합되어 혁신적인 변화로 나타나는 기술혁명을 4차 산업혁명이라 말하는데, 저자는 세계가 COVID-19 팬데믹을 극복하는 과정에서 『4차 산업혁명 Version 2(The Fourth Industrial Revolution 2.0)』로 접어들었음을 직감한다.

최근 들어 드론택배와 드론 택시 등 드론 관련 다양한 시도가 한국을 비롯한 주요 국가에서 활발히 진행되고 있다. 아이러니하게도 COVID-19로 인해 드론의 활용도는 더욱 높아졌다. 각국에서 드론을 방역에 활용하고, 가나에서는 드론을 이용해 COVID-19 환자의 검체를 시험 배송하기도 하였다. 중국 저장성의 한 병원에서는 드론으로 환자의 시료를 질병통제센터로 긴급 배송하였는데, 육로 이용 시 20분 이상 걸릴 배송 시간을 단 6분으로 줄였다고 한다. 중국에서는 마스크를 쓰지 않은 주민에게 드론을 띄워 안내하는 장면이 CNN 등을 통해 전 세계에 보도되기도 하고, 상품 배달업에 종사하는 인력이 부족해진 상황에서 이미 배달용 드론의 수요가 급증했다는 보도도 있었다. 인도에서는 드론이 '사회적 거리두기(Social Distancing)'를 준수하도록 돕는 역할을 한다. COVID-19 팬데믹으로 인해 드론의 활용이 대폭 확대되고 있다.

드론공유서비스(Sharing Drone Service)는 산업화 및 융합 가능성이 높은 비즈니스 모델로 한국에서 시작하여 전 세계에 진출할 수 있는 유력 비즈니스 모델이다. 수차례 언급한 바와 같이, 드론공유서비스(Sharing Drone Service)가 활성화되면 인공지능(AI), 사물인터넷(IoT), 센서 등의 최신 기술을 드론에 적용하며 보다 넓은 영역에서 상호 시너지(Synergy) 효과를 기대할 수 있고, 드론택배와 드론택시 등의 새로운 모빌리티 서비스 시행에 든든한 기반이 될 수 있다.

드론공유서비스(Sharing Drone Service) 출범을 위한 과제를 정리한다.

첫째, 드론 제조에서 서비스로의 정책 전환이 필요하다. 미국의 사례를 참조할 필요가 있는데, 미국 최대의 드론 업체로 주목받았던 3DR은 시장에서 참패하면서 개인용 드론 생산 중단을 발표하고 상업용 소프트웨어 개발을 통한 서비스 제공에 집중하고 있다.

2015년 1,400만 달러(USD $14M)의 투자를 받았던 릴리 로보틱스(Lily Robotics)는 비용 문제 등으로 제품을 출시하지도 못한 채 폐업하였으며, 에어웨어(Airware)의 폐업, 고프로(GoPro)의 드론 시장 철수 등 시장 경쟁력을 확보하지 못한 기업들의 사업 포기가 잇따르고 있다. 미국은 중국 기업과의 경쟁에서 이기기 힘든 드론 제조에서 탈피하여 상업용 드론 시장의 특화된 서비스 제공 부문에 집중하고 있다.

한국은 그간 드론산업을 중소기업 적합업종으로 지정하여 대기업의 진입은 막고 정부 보조금을 푸는 정책을 시행해 왔는데, 드론의 두뇌로 불리는 FC(Flight Controller, 비행제어장치) 등 상당수 부품은 중국 업체로부터 들여와서 금형 등 외관만 다르게 생산하는 사례가 부지기수라는 지적이다. 글로벌 경쟁력 확보를 위한 연구개발보다는 공공수주나 유통에 치중하는 경우가 다반사였던 것이다.

이제라도 드론산업 정책을 제조에서 서비스로 전환하고, 산업에 특화된 소프트웨어 개발과 서비스를 육성할 필요가 있다. 군사용 드론 등의 드론 제조는 선택적으로 집중할 필요가 있다.

아울러, 공공기관 등의 드론 도입 발표가 수년간 이어지고 있으나 막상 별다른 성과 없이 잠잠해지는 경우가 종종 발생한다. 야심차게 드론을 도입하였으나, 시간이 지날수록 비행 기간이 짧고, 보관이나 유지보수 등에 들어가는 비용은 부담되며, 드론 관련 업무는 부가업무가 되어 버리는 경우가 있다.

산업용 드론의 경우, 일반적으로 사용 기간이 짧고, 전문 기술요원이 필요하기에 해외 상당수 소비기업도 임대(Rental) 방식을 채택한다. 공공기관의 경우에도 과감하게 드론을 임대(Rantal)로 전환하고 효율성을 높일 필요가 있다.

둘째, 규제 개선이 필요하다. 어두운 길을 홀로 걸으며 불안할 때 드론을 호출하고, 부득이하게 내 아이의 어린이집 등·하교 길에 동행할 수 없을 때 드론을 호출하며, 구조대가 접근하기 어려운 재난 상황이 발생하였을 때 드론을 호출하고, 경찰이 도주하는 용의자를 뒤쫓을 때 드론을 호출하기 위해서는 '인구밀집지역 비가시권 비행' 등 선도적인 규제 개선이 필요하다. 통신사들이 5G 상용화 이후 앞다퉈 '드론'에 주목하고 있는데, 드론이 5G 통신망과 연계될 경우 기존에 없던 드론공유서비스(Sharing Drone Service)가 광범위하게 제공될 수 있다.

한국 국토교통부의 「드론 분야 선제적 규제혁파 로드맵」을 살펴보면, '인구밀집지역 비가시권' 비행은 2025년 이후에나 가능할 전망인데, 이는 드론 택시, 드론 택배 등의 사업 추진 전망과 연계된 것으로 보인다. 드론공유서비스(Sharing Drone Service)가 「Drone Industry Insight」 등에 언급된 바 없는 신규 비즈니스 모델이기에 새로운 시각에서 선도적인 규제 개선이 필요하다.

발전단계	1단계	2단계	3단계 이후
연 도	현재 ~ 2020	2021 ~ 2024	2025 ~
비행방식	원격 조종	부분 임무위임	자율비행(임무위임-원격감독)
수송능력	화물 10kg 이하	화물 50kg 이하	2인승(200kg) ~ 10인승(1톤)
비행영역	인구희박지역 비가시권	인구밀집지역 가시권	인구밀집지역 비가시권

【드론 분야 선제적 규제혁파 로드맵 <출처: 드론 규제 미리 내다보고 선제적으로 개선합니다, 2019.10.17., 국토교통부>】

관련하여 한국 과학기술정보통신부는 5G를 활용하여 실시간 획득한 임무 데이터를 인공지능으로 분석하고, 응용서비스를 제공하는 개방형 플랫폼을 구축하며, 관련 규제도 선도적으로 발굴해 나갈 계획을 발표한 바 있다.

셋째, 전문 보험의 출시가 필요하다. 앞서 언급한 바와 같이, 드론으로 인한 사고는 추락피해, 공중충돌 피해, 소음 피해 등으로 다양한 편이다. 드론 안전성 관련 기술개발이 꾸준히 진행 중이지만, 플랫폼(Platform) 서비스, 임대(Rental) 서비스, 교육(Education) 서비스, DaaS(Drone as a Service) 등 신규 서비스의 출범을 위해서는 전문 보험의 출시가 그 어떤 인프라 못지않게 중요하다.

해외의 경우, 드론으로 인해 발생할 수 있는 위험을 고려해 다양한 담보의 보험을 개발하고 있다. 미국 AIG의 드론보험은 기본적으로 드론 파손 및 드론으로 인한 대인·대물 배상책임을 보장하고, 드론 기기 및 랩탑, 드론케이스, 원격조종장치 등 드론 관련 장비의 손해를 보장한다. 드론을 임대(Rental)로 이용하여 발생한 사고에 대해서도 인적 물적 피해를 보장한다. 항공보험 전문 브로커사인 'Travers & Associates'는 미국 내 다수 보험사의 드론보험을 취급하며, 드론이 이용되는 다양한 산업 분야의 위험을 보장한다. 항공사진, 농업용, 원격감시, 응급구조, 소방, 교통모니터링, 보안, 뉴스취재, 부동산, 개인취미용 등 모든 산업에서 드론 이용시 발생 가능한 파손 및 배상책임 위험을 보장한다. 영국의 스타트업 'Flock'은 드론 비행시간만큼(pay-as-you-fly) 부과하는 드론보험을 판매한다.

반면 국내 보험사의 드론보험은 대인 및 대물 배상책임 보장에 한정되어 있다. 최근 구내에서 발생한 고객의 치료비를 보상하는 구내치료비 등이 신설되는 추세이지만 신규 담보개발과 손해배상책임을 구체화하는 제도개선이 필요하다. 항공기 사고와 자동차사고의 경우 구체적인 손해배상책임 수준이 법에 정해져 있으나 드론에 대해서는 구체적으로 정해진 바가 없다.

관련하여 일본의 사례를 참고할 필요가 있다. 2019년 4월, 일본의 대형 손해보험사인 도쿄해상화재보험(東京海上日動火災保險)은 업계 최초로 '하늘을 나는 자동차' 보험을 출시했다. 일본 정부는 2018년 12월 '항공 이동 혁명을 위한 로드맵'을 발표하면서 플라잉카(Flying Car) 관련 보험이 필요하다고 밝혔고, 4달 뒤 바로 보험 상품이 나왔다. 출시된 보험은 자동차보험이 아닌 항공보험을 기반으로 한 상품이다. 플라잉카로 하늘을 날든, 도로 위를 달리든 사고가 났을 때 제3자에 대한 대인·대물보상이 가능하다. 이 상품은 '항공기'의 정의를 무인항공기로 확대하였는데, 자율주행하는 드론 택시 형태의 플라잉카 개발을 염두에 둔 것이다. 실제 일본의 '스카이드라이브' 등의 기업이 이 보험에 가입했고, 일본 언론과의 인터뷰에서 "새로운 서비스 개발을 위해서는 다양한 시험이 필요한데, 보험의 등장은 육체적·정신적으로 개발자에게 큰 도움이 된다."라고 밝힌 바 있다. 드론공유서비스(Sharing Drone Service) 출범과 관련하여 전문 보험의 출시가 필요하다.

마지막으로 드론 택시와 관련하여 정책제안이 있다. 현재 추진 중인 드론 택시가 일부 지역의 시범서비스로 남지 않기 위해서는 지하철 등 기존 운송수단과의 연계가 필요하다. 연계 운송수단으로는 PBV(Purpose Built Vehicle, 목적 기반 모빌리티)가 거론되고 있는데, PBV는 개인 맞춤형 서비스를 제공하는 도심형 모빌리티 솔루션으로 승차 후 이동하며 카페, 병원, 식당 등의 개개인 맞춤 서비스를 자유롭게 이용할 수 있도록 하는 미래 도심형 모빌리티 솔루션이다.

흥미로운 것은 현대자동차가 2019년 12월부터 영종국제도시에서 I-MOD(Incheon-Mobility On Demand)' 시범서비스를 2개월간 운영한 것이다.

I-MOD는 정해진 노선 없이 승객이 호출하면 실시간으로 가장 빠른 경로가 생성되고 배차가 이뤄지는 온디맨드(On-demand, 수요응답형) 버스이다. 은평

뉴타운에서 시범사업을 운영한 '셔클(Shucle)' 역시 온디맨드(On-demand, 수요응답형) 버스이다.

'셔클(Shucle)'의 가장 큰 특징은 AI 기술을 활용해 최적의 경로를 설정한다는 점이다. 차량을 호출하면 이용자의 위치에서 가장 가까운 정류장이 안내되며, 도보 3분 거리 내 지점에서 승하차가 가능하다. 호출 이후 차량이 도착할 때까지 걸리는 시간과 목적지까지 걸리는 시간도 미리 확인할 수 있다.

현대자동차는 CES 2020에서 '미래 도심형 항공 모빌리티(UAM, Urban Air Mobility)'의 개념을 공개하고 연계 교통수단으로 PBV를 제시한 바 있는데, '셔클(Shucle)' 미니버스의 덩치를 키우고, 병원이나 식당 기능 등을 추가하면 미래 도심형 모빌리티 솔루션인 PBV(Purpose Built Vehicle, 목적 기반 모빌리티)의 구현이 가능할 것으로 보인다.

과제는 PBV 혹은 온디맨드(On-demand, 수요응답형) 버스가 시범사업이 아닌 독자적인 운송수단으로 활성화되기까지는 넘어야 할 큰 산이 있다는 것이다. 한국은 기본적으로 택시 수가 많다. 2017년 말을 기준으로 서울의 인구 1,000명낭 택시 수는 7.3대다. 이는 뉴욕(1.7대), 런던(2.3대), 파리(1.6대), 도쿄(4.7대) 등 세계 대도시들과 비교했을 때 압도적으로 많은 수치이다.

반면 택시요금은 저렴한 수준이다. 서울 기준 택시요금은 2009년 2,400원으로 오른 뒤 2013년 3,000원, 2019년 3,800원 등 10년간 58.3%의 상승하였다. 같은 시기 최저 임금이 4,000원(2019년)에서 8,590원(2020년)으로 114.8% 오른 것과 격자를 보인다. 택시비를 쉽게 올리지 못하면서 면허는 늘려 온 결과, 택시는 많고 요금은 저렴한 구조가 되어 버렸다.

2018년 '카카오 카풀', 2019년 이후 '타다' 등의 사례에서 보듯 새로운 교통수단이 나왔을 때 택시업계가 생존권을 외친 배경 중 하나이다. 2020년 3월 '여객자동차 운수사업법 일부개정법률안'이 국회를 통과한 후 '타다'의 베이직 서비스 중단 선언은 시사하는 바가 크다. 새로운 PBV 혹은 온디맨드(On-demand, 수요응답형) 버스가 시범사업을 넘어 독립적인 운송수단으로 성장하기에는 법리로만 풀어내기 어려운 과제가 남아 있다.

드론 택시가 일부 지역의 시범서비스로 남지 않기 위해서는 지하철 등 기존 운송수단과의 연계가 필요하다. 기존 운송수단과의 연계를 통해 접근성을 높여야 한다. 과거 교통 정체를 해결하고자 의욕적으로 시행된 한강 수상택시의 사례를 참고하자.

【마포대교 남단 수상택시 선착장】

시행 전 하루 평균 이용객이 2만 명에 달할 것으로 전망되었지만, 2011년 하루 평균 이용객이 77명에 불과했고, 그나마 2019년에는 하루 평균 이용객이 5명에 불과했다. 이용률이 떨어진 데에는 여러 요인이 있었겠지만, 접근성이 떨어진 것이 주요 요인이다. 별도의 셔틀버스를 운영하였지만 효과가 미미했다.

드론 택시를 지하철, 기차 등의 기존 운송수단과 연계하여 시행하면 어떨까? 기업, 지방자치단체, 정부 기관 간에 전략적 파트너십을 통해 환승거점(Hub)을 지하철 역이나 기차역에 설치하면 어떨까? 접근성이 좋아져서 지하철이나 기차는 물론, 택시와 버스 등 대중교통과 연계한 드론 택시 이용률을 획기적으로 높일 수 있지 않을까?

드론공유서비스(Sharing Drone Service) 핵심 사업 모델인 임대(Rental) 서비스의 지역별 매장과 연계한다면, 운영 및 정비 등에 상호 시너지(Synergy) 효과마저 기대할 수 있다. '미래 도심형 항공 모

빌리티(UAM, Urban Air Mobility)'의 기본 요소인 PAV(Personal Air Vehicle)가 드론 기술을 융합하여 도심에서 수직이착륙(VTOL, Vertical Take Off and Landing) 가능한 특장점을 가졌기에 보다 적극적인 검토가 필요하다.

　드론공유서비스(Sharing Drone Service)는 드론이 필요할 때면 스마트폰 앱 등을 활용하여 편리하게 호출하고 활용하는 서비스이다. 전문적인 드론조종사가 필요할 때마다 쉽게 찾아 연결해주는 서비스이고, 드론 구매 후 사용하지 않는 기간에는 타인에게 임대하고 수수료를 받을 수 있도록 연결하는 서비스이다. 기업 고객의 요구에 따라 드론 비행계획을 수립하며, 드론 기체 및 사용할 센서, 카메라 등을 선정하고, 항공관제 규정의 확인 및 등록, 드론 조종 및 임무 수행, 데이터 수집 및 리포트 작성 등을 원스톱으로 제공하는 서비스이다. 유관 업계는 물론 '미래 도심형 항공 모빌리티(UAM, Urban Air Mobility)', 통신사 등과 연계하여 드론 택시, 드론 택배 사업화에 든든한 파트너가 될 수 있다. 저자는 드론공유서비스(Sharing Drone Service)가 침체된 일자리 상황에 활력을 불어넣고, 글로벌 드론 시장에서 고객들의 삶에 실질적인 도움이 될 수 있기를 소망한다.

부록

부록

> **1. 취미용 드론을 시작해 볼까요?**

완구나 항공 촬영용으로 주목을 받기 시작한 드론은 4차 산업 혁명 시대로 일컬어지는 지금, 산업 현장에 빠르게 침투하고 있다. 항공 촬영은 물론 건설, 방제, 정밀농업, 재난구조 분야에서 필수 장비로 자리 잡았고, 드론 택배, 드론 택시 등 모빌리티 관련 다양한 시도가 전 세계적으로 진행되고 있다. 한국 산업통상자원부에 따르면, 향후 항공드론 분야에 필요한 산업기술인력이 대폭 증가할 전망이다.

이 때문인지 저자는 "드론을 시작하는 게 좋을까요?", "어떤 드론을 사야 할까요?"라는 질문을 자주 듣는다. 드론은 RC(Rad Control, 무선조종) 완구 놀이 경험이나 게임기 놀이 경험이 있다면 쉽게 다가갈 수 있고, 비행하다 보면 자연스럽게 최신의 기술 변화를 체험할 수 있다. 드론 관련 뉴스가 자주 등장하고 활용 분야가 나날이 다양해지는 요즘, 저자는 드론을 권한다. 사용 목적이나 예산, 조종기술 등에 따라 드론 선택이 달라질 수 있지만, 분명한 것은 지금이 드론을 시작하기에 가장 빠른 시기라는 것이다.

마침 한국소비자보호원에서 취미용 드론 중 선호도가 높은 13개 제품의 시험 평가결과를 발표하였다. 정지 비행 성능, 배터리 내구성, 영상 품질, 최대 비행시간, 충전시간 등을 종합 평가하였는데, 결과는 비행시간이 제품별로 최대 5.2배, 충전시간이 최대 10.3배까지 차이를 보였다고 한다.

평가대상 13개 드론은 아래와 같다.

주요 비행 장소	브랜드	모델명	수입(판매)원	정격전압 [V]	제조국 [V]	구입가격 [원]주1)
실외	DJI	매빅에어	DJI코리아	11.55	중국	867,240
	패럿	아나피	㈜피씨디렉트	7.6	중국	740,060
	자이로	엑스플로러V주2)	DKSH코리아㈜	11.1	중국	498,000
	제로텍	도비	㈜성주컴텍	7.6	중국	190,190
	시마	X8PRO	㈜아트론	7.4	중국	167,200
실내	바이로봇	패트론	㈜바이로봇	3.7	한국	158,000
	패럿	맘보FPVW주3)	㈜피씨디렉트	3.7	중국	141,510
	드로젠	로빗100F	드로젠㈜	3.7	한국	136,720
	시마	Z3	㈜아트론	3.7	중국	81,210
	바이로봇	XTS-145	㈜바이로봇	7.4	중국	69,900
	HK	H7-XN8	㈜HK	3.7	중국	30,000
	JJRC	H64	보라매	3.7	중국	19,800
	힌빛드론	팡팡드론	㈜한빛드론	3.7	중국	19,800

주1) 브랜드 순서는 주요 비행장소별 구입 가격이 높은 순서임
주2) 온라인 최저가 기준(2019.8)이며, 구입 장소 및 시점에 따라 달라질 수 있음
주3) 해당제품은 현재 단종 상태임

【<출처 : 취미용 드론 품질비교시험, 2019.08.14. 한국소비자원>】

주요 평가 결과를 요약하면, DJI 매빅에어는 실외비행에 적합했고, 정지비행 성능, 배터리 내구성, 영상 품질 등이 상대적으로 '우수' 했다. 최대 비행시간은 19.2분으로 길었으며, 충전시간(49분)은 평균(78분)보다 빨랐다. 비행 안전기능, 모션 인식 기능, 다양한 촬

영 모드를 보유하고 있었으나, 가격(867,240원)은 상대적으로 가장 비싼 편이었다.

제로텍 도비는 실외비행에 적합했고, 정지 비행 성능, 배터리 내구성이 상대적으로 '우수' 했으며, 영상 품질도 '양호' 했다. 최대 비행시간은 9.6분으로 평균(10.6분)보다 짧았고, 충전시간(43분)은 평균(78분)보다 빨랐다. 가격(190,190원)도 저렴한 편이었다.

시마 Z3은 실내비행에 적합했고, 정지 비행 성능, 배터리 내구성이 상대적으로 '우수' 했으며, 영상 품질은 '보통' 이었다. 최대 비행은 시간은 9.9분으로 평균(10.6분)보다 짧았고, 충전시간(102분)은 평균(78분)보다 느린 편이었다. 가격(81,210원)은 실내용 제품의 평균(82,118원)보다 저렴했다.

패럿 맘보FPV는 실내비행에 적합했고, 정지 비행이 상대적으로 우수'했으며, 배터리 내구성과 영상 품질도 '양호' 했다. 최대 비행시간은 7.2분으로 평균(10.6분)보다 짧았고, 충전시간(27분)은 가장 빨랐다. 가격(141,510원)은 실내용 제품 중 비싼 편이었다.

바이로봇 패트론V2 성능은 실내비행에 적합했고, 정지비행 '양호', 배터리 내구성도 상대적으로 '우수' 했다. 최대 비행시간은 6.4분으로 평균(10.6분)보다 짧았고, 충전시간(41분)이 평균(78분)보다 빨랐다. 촬영기능은 없었으나, 코딩, 모듈화 기체 등을 보유하고 있었고, 가격(158,000원)은 실내용 제품 중 가장 비싼 편이었다.

종합 평가결과는 아래 표와 같다.

주요비행장소	브랜드	모델명	정격전압 (V)	정지비행성능	배터리 내구성	영상품질	최대비행시간 (분)	충전시간 (분)	소음 (dB)	배터리 안정성	내환경성	비행고도제한	주요기능 비행 한계상황 자전 신호	표시사항	무게 (g)	구입가격 (원)
실외	DJI	매빅에어	11.55	★★★	★★★	★★★	19.4	49	93	○	○	○	①	○	478	867,240
	패럿	아나피	7.6	★★★	★★★	★★★	25.8	127	80	○	○	○	①	○	317	740,060
	자이로	익스플로러V	11.1	△	△	★★★	18.7	84	95	○	○	○	③	○	1,287	498,000
	제로텍	도비	7.6	★★★	★★	★★★	9.6	43	86	○	○	○	③	○	196	190,190
	시마	X8PRO	7.4	★★	★★★	★★	10.0	277	86	○	○	○	①	○	652	167,200
	바이로봇	페트론V2	3.7	★★★	-	-	6.4	41	67	○	○	○	③	○	36	158,000
	패럿	맘보FPV	3.7	★★★	★★	-	7.2	27	75	○	○	✓	③	○	79	141,510
	드로젠	로빗100F	3.7	△	★	★★	5.8	73	73	△	○	✓	③	○	61	136,720
실내	시마	Z3	3.7	★★★	★★★	★	9.9	102	83	○	○	✓	-	○	119	81,210
	바이로봇	XTS-145	7.4	△	★★★	-	6.3	44	79	○	○	✓	-	○	88	69,900
	HK	H7-XN8	3.7	△	★★	★★	7.0	78	82	○	○	✓	-	○	139	30,000
	JRC	H64	3.7	△	★★	-	5.0	34	76	○	○	-	-	X	26	19,800
	한빛드론	광명드론2	3.7	△	★	-	6.1	34	73	○	○	-	-	○	20	19,800

【<출처: 취미용 드론 품질비교시험, 2019.08.14., 한국소비자원>】

위 13개 드론 외에도 드론은 많이 있다. 취미용 드론을 넘어서는 고

1. 취미용 드론을 시작해 볼까요?

가 드론도 많다. 사용 목적에 따라 높은 사양의 드론을 검색하다 보면 제조사가 좁혀지는 것을 확인할 수 있는데 대부분이 중국 업체이다. 그중에도 중국 DJI사는 세계 민간 드론 시장점유율 1위 기업이고, 국내 드론 시장 역시 상당 부분을 점유하고 있다. 그러나, 대안이 부족하기 때문인지 고객 대응에 아쉬움이 크다. 가장 개선이 필요한 부분이 A/S인데, 접수는 온라인으로 해야 하고, 접수 경쟁이 치열해 원하는 날짜로 접수하는 것조차 어렵다. DJI사 드론 상당수가 수백만 원대 고가 드론임을 고려할 때 개선이 필요하다.

초보자의 취미용 드론이라면, 한국소비자원의 평가결과를 참조하여 드론을 선택해 보자. 취미용 드론 선택에 도움을 받을 수 있다. 만일 카메라가 부착된 드론을 선택했다면, 지미집(Jimmy Jib)처럼 전문 인력과 장비를 통해 촬영해야만 가능했던 멋진 영상을 직접 만들어낼 수 있다. 나만의 영상 스토리를 제작할 수 있다. 지금은 드론을 시작하기에 가장 빠른 시기이다.

2. 드론조종사 준수사항

취미용 드론을 시작했다면 반드시 지켜야 하는 준수사항이 있다. 앞서 소개한 바와 같이 드론은 추락, 공중충돌, 소음, 사생활 침해 등의 사고 위험이 있기에, 드론 조종 시에 꼭 필요한 안전 준수사항이 있다. 가령, 육안거리 내에서 비행하고, 야간비행(일출 전, 일몰 후)은 하지 않으며, 사람이 많은 곳 위 비행을 피하고, 비행 중 위험한 낙하물을 투하하지 않는다. 음주 상태 조종은 절대 금지이다. 공항이나 주요 시설 주변에서는 드론 비행이 금지되는데, 'Ready to Fly' 앱을 설치하여 활용하면 비행가능 지역 여부를 쉽게 확인할 수 있다.

【<출처: 드론 안전관리 가이드, 2018.12. 국토교통부>】

참고로, 한국은 2021년부터 최대이륙중량 2kg을 넘는 드론에 대해 기체를 신고하도록 하고, 250g을 넘는 드론을 조종하기 위해서는 사전에 온라인 교육을 받도록 하는 등 관리체계가 정비되니 유의해야 한다. 현재 드론 조종자격은 사업용으로 사용하는 대형 드론에만 적용되나, 향후에는 250g에서 2kg까지 취미용 소형드론 조종자에게도 온라인 교육을 받도록 하고, 2kg을 넘는 드론에 대해서는 일정 비행 경력과 필기·실기시험이 단계별로 차등 적용할 예정이다.

드론 조종 시 안전 준수사항과 관련하여 주변에 경험 많은 드론 조종사가 있다면 조언을 구하거나 도움을 청하는 것도 좋은 방법이다. 혹시라도 도움을 청할 곳이 없다면, 한국드론조종사협회(KADP, Korea Association of Drone Pilots)나 한국드론조종사협동조합(KFDP, Korea Federation of Drone Pilots)으로 연락할 수 있다.

끝으로 2020년 2월 기준, 한국은 물론 주요 국가별 드론 규제 현황을 소개하니 참고하기 바란다.

구 분	한국	미국	중국	일본
기체 신고·등록	사업용 또는 자중 12kg 초과	사업용 또는 250g 초과	250g 초과	2020년 추진 예정 (200g 예상)
조종자격	12kg 초과 사업용 기체 * 만 14세 이상	사업용 기체 * 만 16세 이상	자중 7kg 초과 또는 사업용 기체	제한 없음
비행고도 제한	150m 미만 * 지면, 수면 또는 구조물 기준	120m 이하 * 지면, 수면 또는 구조물 기준	120m 이하 * 조종사·관측원 기준	150m 미만[6] * 지면 또는 수면 기준

비행구역 제한	서울지역 (8.3km), 공항 (반경 9.3km), 원전 (반경 18.6km), 휴전선일대 (경기북부, 강원북부, 동해, 서해)	워싱턴 주변 (24km), 공항 (반경 9.3km), *워싱턴 공항 (28km) 원전 (반경 5.6km), 경기장 (반경 5.6km)	베이징 일대, 공항주변, 원전 주변 등	도쿄 주요지역, (인구 5천 명 / 이상 거주지역), 공항 (반경 9km), 주요 행정부 및 입법부, 황궁, 원전 주변 등
비행속도 제한	제한 없음	161km/h 이하	100km/h 이하	제한 없음
가시권 밖, 야간 비행	원칙 불허 *특별비행승인 [3] (시험비행, 시범사업 공역 내 비행 허용)	원칙 불허 예외 허용 * Part 107 Waiver 규정을 통해 건별로 허가	원칙 불허 예외 허용 *클라우드시스템 접속 또는 별도 보고 필요	원칙 불허 예외 허용
군중 위 비행	원칙 불허 예외 허용 *위험한 방식의 비행금지	원칙 불허 예외 허용 *Part 107 Waiver 규정을 통해 건별로 허가	원칙 불허 예외 허용 *클라우드시스템 접속 및 실시간 보고 필요	원칙 불허 예외 허용 *사람, 차량, 건물 등과 30m 이상 거리 유지
드론 활용 사업범위	제한 없음 *국민의 안전·안보에 위해를 주는 사업 제외	제한 없음	제한 없음	제한 없음

【국가별 드론 규제 수준 비교 <출처: 「드론 실명제」로 국민 안전 확보한다, 2020.02.18. 국토교통부>】

3. 핵심 용어 해설

 본서에 언급한 내용 중 주요 용어를 선별하여 그 의미를 해설한다. 더불어, 저자의 강연 시 질문이 반복되던 용어를 일부 포함하여 해설한다.

드론(Drone)

2019년 4월 5일, 한국 국회를 통과한 「드론 활용의 촉진 및 기반조성에 관한 법률」에 따르면, '드론'은 '조종자가 탑승하지 않은 채 항행할 수 있는 비행체'로 정의돼 있다. 더불어 항공에 관한 기본법령인 「항공안전법」에서 규정하는 무인항공기와 무인 비행장치도 드론으로 준용되었고, 드론 택시 등 새롭게 등장할 비행체도 드론으로 규정할 수 있는 근거가 마련되었다. 본서에서 드론은 조종자가 탑승하지 않은 채 항행할 수 있는 비행체로 무인항공기, 무인 비행장치, PAV(Personal Air Vehicle), 드론 택시, 킬러드론 등을 포괄하는 용어로 사용한다.

공유경제(Sharing Economy)

이미 생산된 제품을 나눠 쓰는 협업 소비를 기본으로 한 경제를 의미한다. 소비자들은 이전보다 적은 비용으로 필요한 유휴 자원을 사용할 수 있고, 사회 전체적으로는 필요 이상 넘치게 생산된 후 버려져 발생하는 환경문제를 개선하는 효과를 기대할 수 있다. 한국 정부 관계부처 합동으로 발표한 「공유경제 활성화 방안」에 따르면, 공유경제는 '플랫폼 등을 활용하여 자산·

서비스를 타인과 공유하여 사용함으로써 효율성을 제고하는 경제 모델 '이다. 1인 가구의 증가, 합리적 소비의 확산 등으로 소비 패러다임이 '소유'에서 '공유'로 전환되면서 공유경제가 이 시대의 주요 화두로 등장하였다.

드론공유서비스(Sharing Drone Service)

어두운 길을 걸으며 긴장하여 불안을 느껴본 적 있는가? 낯선 길을 홀로 걸으며 작은 소리에도 깜짝 놀란 경험이 있는가? 이런 상황에서 드론을 호출하여, 목적지까지 드론이 '이동 CCTV(Closed-Circuit Television)'가 되어준다면 안심이 되었을 것이다. 부득이하게 내 아이의 어린이집 등·하교 길에 동행할 수 없어 걱정했던 경험이 있는가? 드론이 내 아이와 동행하면서 촬영하는 영상을 실시간 확인할 수 있었다면 도움이 되었을 것이다. 소중한 기념일이나 즐거운 여행 중 특별한 영상을 남기고 싶었던 기억이 있는가? 드론을 활용한다면, 전문 인력과 장비를 통해야만 가능했던 멋진 영상을 만들어 낼 수 있다. 급하게 이동해야 하는 상황은 종종 발생한다. 갑작스러운 해외 출장으로 공항까지 빨리 이동해야 할 때, 꽉 막힌 도심에서는 방법을 찾기 어렵다. 드론 택시로 강남에서 인천공항까지 10분 만에 이동할 수 있다면, 얼마나 유용할까? 드론공유서비스(Sharing Drone Service)는 드론이 필요할 때면 스마트폰 앱 등을 활용하여 편리하게 호출하고 활용하는 서비스이다. 구조대가 접근하기 어려운 재난 상황이 발생하면 드론을 호출하여 조난자의 위치와 상태를 확인하는 서비스이고, 용의자를 추적하는 경찰이 드론을 긴급 호출하는 서비스이다. 전문적인 드론조종사가 필요할 때마다 쉽게 찾아 연결해주는 서비스이고, 드론 구매 후 사용하지 않는 기간에는 타인에게 임대하고 수수료를 받을 수 있도록 연결하는 서비스이다. 기업 고객의 요구에 따라 드론 비행계획을 수립하며, 드론 기체 및 사용할 센서, 카메라 등을 선정하고, 항공관제 규정의 확인 및 등록, 드론 조종 및 임무수행, 데이터 수집 및 리포트 작성 등을 원스톱으로 제공하는 서비스이다. 드론공유서비스(Sharing Drone Service)는 공유 드론(Drone)을 사용함으로써 효율성을 높이고 나아가 부가가치를 창출하는 신규 비즈니스(Business) 모델이다.

4차 산업혁명 Version 2(The Fourth Industrial Revolution 2.0)

저자는 COVID-19 팬데믹으로 인해 세계가 ICT(Information and Communication Technologies) 기술과 그 변화를 직접 체험했음에 주목한다. 집에서 업무를 처리하고, 화상으로 회의하며, 원격 강의와 학습을 장기간 체험하는 등 신기술이 미칠 부작용을 논의하느라 미뤄두었던 일들이 일순간에 현실이 돼버렸다. 흔히 인공지능(AI), 사물인터넷(IoT), 로봇기술, 무인자동차, 생명과학, 빅데이터, 블록체인 등이 사회 전반에 융합되어 혁신적인 변화로 나타나는 기술혁명을 4차 산업혁명이라 말하는데, COVID-19 팬데믹을 극복하는 과정에서 세계가 디지털 기술을 기반으로 한 획기적인 변화를 직접 체험할 수 있었다. 향후 원격 교육이나 진료는 물론 비대면 서비스를 향한 기업들의 도전이 가속화될 전망인데, 『4차 산업혁명 Version 2(The Fourth Industrial Revolution 2.0)』가 시작되었다.

CES(Consumer Electronics Show)

매년 1월 미국 라스베이거스에서 열리는 세계 최대 규모의 IT 가전전시회이다. 미국가전협회(CEA, Consumer Electronics Association)가 주관하며, 독일 베를린에서 열리는 국제가전박람회(IFA, Internationale Funkausstellung), 스페인 바르셀로나에서 열리는 모바일 월드 콩그레스(MWC, Mobile World Congress)와 더불어 '세계 3대 IT 전시회'로 꼽힌다. CES 2020에서는 현대자동차가 '미래 도심형 항공 모빌리티(UAM,

Urban Air Mobility)'의 개념을 들고 나왔고, PAV(Personal Air Vehicle) 콘셉트인 S-A1을 전시하여 화제가 되었다. 도요타(TOYOTA)는 기술과 환경을 결합한 인간 중심 미래 도시 '우븐 시티(Woven City)' 건설을 선언했고, BMW는 i3 '어반 스위트(URBAN SUITE)' 모델을 선보였다. BMW가 시판 중인 소형 배터리 전기차 i3를 기반으로 차 내부를 편안한 호텔 스위트룸과 같은 구조로 구성한 것이 특징이었다. 가전업체 소니(SONY)는 처음으로 전기 콘셉트카 Vision-S를 전시했고, 벨넥서스(Bell Nexus)는 4개의 덕티드팬(Ducted Fan, 외부 덕트 내에서 구동되는 회전날개)을 사용한 전기수동이 착륙기 2세대 모델을 스마트시티 개념과 함께 전시했다. 항공사인 델타항공(Delta Air Lines)은 차량공유 업체인 리프트(Lyft)와 서비스 연결을 선언하기도 했다. 자동차업계, 항공업계, 가전업계, 건설업계 등의 주요 기업들이 종합 모빌리티(Mobility) 기업으로의 변신을 시도하는 현장이었다.

COVID-19(corona virus disease 19)

2019년 12월, 중국 우한에서 발생한 호흡기 감염질환 '코로나바이러스 감염증-19'(corona virus disease 19)를 지칭하는 용어이다. 세계보건기구(WHO)는 홍콩독감(1968), 신종플루(2009)에 이어 사상 세 번째 팬데믹(Pandemic, 세계적 대유행)을 선포한 바 있는데, 이동을 전제로 하는 항공·여행·호텔·외식 업종 등은 물론 상당수 업종이 큰 타격을 입었다. 2020년 4월의 한국 구직급여(실업급여) 지급액이 9933억 원을 기록했는데, 구직급여 신규 신청자가 12만9000명으로 1년 전보다 무려 32.9% 늘어났다. 미국의 경우 2020년 4월의 실업률이 14.7%를 기록했는데, 한 달간 일자리가 무려 2000만 개 이상 사라진 것이라고 한다. '사회적 거리두기(Social Distancing)'가 강화되며 재택근무를 하고, 화상으로 회의하며, 원격 강의와 학습 등을 장기간 경험하였는데, 언택트(Untact) 비대면 서비스가 새로운 화두로 등장하였다.

DaaS(Drone as a Service)

'DaaS(Drone as a Service)'를 해석하면 '서비스로서의 드론'인데, 기업고객을 대상으로 드론을 활용한 종합 서비스를 제공하는 것이다. 기업고객에게 임대(Rental) 서비스를 제공하고, 기업고객의 요구에 따른 드론 비행 계획을 수립하며, 드론 기체 및 사용할 센서, 카메라 등을 선정하는 서비스이다. 더불어, 항공관제 규정의 확인 및 등록, 드론 조종 및 임무수행, 데이터 수집 및 분석, 리포트 작성 등 일련의 과정을 모두 원스톱으로 제공하는 서비스이다. 글로벌 드론 시장에서 가장 규모가 커질 것으로 전망되는데, 실제 미국의 드론 하드웨어 및 소프트웨어 업체들은 DaaS(Drone as a Service) 기업으로 진화해 가는 추세이다. 드론공유서비스(Sharing Drone Service)는 기업 및 공공기관을 대상으로 DaaS(Drone as a Service) 서비스를 제공한다.

ICT(Information and Communi-cation Technologies)

정보기술(Information Technology)과 통신기술(Communication Technology)의 합성어이며 스마트폰, 컴퓨터 등과 같은 정보 기기를 운영·관리하는데 필요한 소프트웨어 기술과 이들 기술을 이용하여 정보를 수집·생산·가공·전달·활용하는 모든 방법을 총칭하는 용어이다.

KOTRA(Korea Trade-Investment P-romotion Agency)

대한무역진흥공사법에 따라 한국 정부가 전액 출자한 비영리 무역진흥기관으로, 1962년 대한무역진흥공사로 출범하였다. 2001년부터 현재의 명칭인

KOTRA로 변경되었으며, 중소기업의 해외시장 진출을 지원하기 위해 수출 외에 다양한 형태의 무역거래 알선사업을 수행하고 있다. 최근 드론관련 여러 국가의 다양한 자료를 시의적절하게 제공하여 큰 도움이 되고 있다.

MaaS(Mobility as a Service)

'서비스로서의 모빌리티'를 의미하며, 승용차, 버스, 택시, 자전거 등의 운송수단이 개별적으로 제공되는 방식에서, 일괄적으로 제공할 수 있도록 하는 통합 플랫폼을 말한다. 핀란드의 대중교통·차량 공유 서비스 연계 애플리케이션인 윔(Whim)은 플랫폼 안에서 이용자가 모든 교통수단을 한 번에 예약하고 결제할 수 있는 서비스를 통합 제공한다는 측면에서 MaaS 선진 사례로 꼽히고 있다. 이용자가 윔(Whim) 플랫폼에 출발지와 목적지를 입력하면 이동을 위한 가장 최적의 교통수단과 경로를 제공해 간편하게 이용할 수 있다. 우버(Uber)의 경우 모든 것을 운송하는 서비스 회사가 될 것이라고 밝힌 바 있는데, 자동차 제조사 입장에서는 단순히 자동차란 하드웨어를 MaaS 서비스 기업에게 공급하는 구조로 전락할 수 있어 새로운 사업 모델의 필요성을 절감하고 있다.

PAV(Personal Air Vehicle)

PAV(Personal Air Vehicle)는 개인용 항공기로 번역할 수 있는데, 배터리와 모터를 추진동력으로 하여 친환경적이고 도심에서 활주로 없이 수직이착륙이 가능한 '전기동력 수직이착륙(eVTOL, Electric-powered Vertical Take-off and Landing)' 모델이 주를 이루고 있다. 일반 고정익(Fixed Wing, 固定翼) 항공기의 경우 활주로가 필요하지만, PAV는 드론 기술을 융합하여 도심에서 수직이착륙(VTOL, Vertical Take Off and Landing)이 가능한 특장점에 주목하는 것이다. 플라잉카(Flying Car) 대비 상대적으로 장애물이 많지 않은 공중으로 이동하기 때문에 원격조종이나 자율비행의 적용이 수월한 장점도 있다. 글로벌 모빌리티 전문 컨설팅 기업인 Mobility Foresignts社의 2018년도 보고서에 따르면, PAV 기반 항공택시 서비스에 공급되는 PAV와 개별 PAV를 합한 댓수는 2018년도 94대 수준에서, 2025년까지 1,327대 수준으로 성장할 전망이다. BCG 그룹은 PAV에 대한 잠재적 수요를 약 1만 여대로 예측한 바 있다. 참고로, 자료에 따라 PAV를 대표 개념으로 정의하고 공중 비행만 가능한 싱글모드(Single Mode), 공중에서의 비행과 도로에서의 주행이 모두 가능한 듀얼모드(Dual Mode)로 구분하기도 한다. 이 경우 위에 언급한 플라잉카(Flying Car)가 PAV의 듀얼모드에 해당한다. 물론, 자료에 따라 플라잉카(Flying Car)를 대표 개념으로 정의하고, PAV를 플라잉카(Flying Car) 범주에 포함하는 경우도 있다. 본서에서는 PAV를 플라잉카(Flying Car)와 대비하여, 배터리와 모터를 추진동력으로 하여 친환경적이고 도심에서 활주로 없이 수직이착륙이 가능한 '전기동력 수직이착륙(eVTOL, Electric-powered Vertical Take-off and Landing)' 모델을 지칭하는 용어로 사용한다.

드론 항공교통 관제(UTM, Unmanned Aircraft Traffic Management)

드론의 저고도 항행이 안전하고 효율적으로 운용될 수 있도록 자동 관제하는 시스템을 지칭하는 용어이며 드론 택시·택배 서비스에 필수 요소이다. 지역 내 항행 중인 드론의 관제를 비롯하여 비행금지 지역 및 비행 가능 고도의 확인, 제한된 비행 영역에 대한 실시간 정보 제공 등이 요구된다.

드론공유전문가

드론공유서비스(Sharing Drone Service)의 운영 및 정비업무 전문가이다. 드론 택시, 드론택배 등이 활발히 추진되고 있음을 감안하여 '미래 도심형 항공 모빌리티(UAM, Urban Air Mobility)' 등 드론 관련 글로벌 운영 및 정비업무 전문가로 육성한다.

드론택배

드론을 이용한 물품 배송 서비스를 지칭하는 용어이다. 드론이 단순 배송을 넘어 기후나 도로 상황, 주문자가 자주 가는 위치 정보 등을 분석하여 최적화된 경로로 배송하고 방대한 부가 정보 서비스까지 제공할 것으로 기대를 모은다. 세계 최대 전자상거래 기업인 아마존(Amazon)은 2019년 6월, 배송용 자율비행 드론의 최신 모델을 공개하며 "수개월 안에 드론이 소비자들에게 물품을 배달할 것"이라고 밝힌 바 있다. 앞서 4월에는 구글(Google) 알파벳 무인기 프로젝트 조직인 윙(Wing)이 미국에서 연방항공청(FAA)의 상업용 드론 배송 허가를 취득하였다. 실제 COVID-19 팬데믹을 거치며, 중국과 호주에서는 드론택배 서비스가 대폭 증가했다는 발표가 다수 나왔다.

드론 택시(Drone Taxi)

기술적인 측면보다 서비스 측면이 강조된 용어인데, PAV(Personal Air Vehicle), 플라잉카(Flying Car) 등의 미래 운송수단을 택시처럼 활용하자는 의미를 담고 있다. 한국 국토교통부에서는 2025년 드론 택시를 상용화하기 위해 다양한 계획을 발표하고 있는데, 2020년 5월에는 드론 택시·택배를 현실화하는데 필수적인 '드론 항공교통 관제(UTM, Unmanned Aircraft Traffic Management)'의 구축·운영 근거를 마련한 바 있다.

모빌리티(Mobility)

'이동성'이라는 의미가 있는데, 전통적인 교통수단에 ICT(Information and Communication Technologies) 기술을 결합하여 편의성과 효율을 높였다는 의미로 사용하고 있다. 거리 위 수많은 자동차로 인한 대기오염과 극심한 교통정체, 주차난 등이 해결의 기미를 보이지 않고 있는 가운데, 자동차의 판매량은 줄어드는 추세여서 모빌리티(Mobility)가 더욱 주목받고 있다. 자동차를 소유의 대상이 아닌 이동 서비스의 관점에서 보게 된 것인데, 2019년 7월 기준으로 차량공유 기업인 우버(Uber)의 시가총액이 748억 달러를 기록하며 미국 완성차 3대 기업인 제너럴모터스(GM), 테슬라(Tesla), 포드의 시가총액을 모두 앞질러 화제가 되기도 하였다. 우버(Uber) 등 차량공유 기업에 대한 시장의 회의론도 존재하지만, 개별 기업의 성패 여부와는 별개로 차량공유와 자율주행을 접목하고 드론 택시 등 '미래 도심형 항공 모빌리티(UAM, Urban Air Mobility)'를 주요 국가에서 추진하는 등 새로운 모빌리티(Mobility) 솔루션을 선점하기 위한 시도가 가속화되고 있다.

목적 기반 모빌리티(PBV, Purpose Built Vehicle)

개인 맞춤형 서비스를 제공하는 도심형 모빌리티 솔루션으로 승차 후 이동하며 카페, 병원, 식당 등의 개개인 맞춤 서비스를 자유롭게 이용할 수 있도록 하는 미래 도심형 모빌리티 솔루션이다. 인공지능(AI)으로 최적의 경로를 설정하는 자율주행 기반의 친환경 모빌리티를 추구하는데, 현대자동차는 CES 2020에서 '미래 도심형 항공 모빌리티(UAM, Urban Air Mobility)'의 개념을 공개하고 연계 교통수단으로 PBV를 제시한 바 있다. 실제 서울에서 운영한 '셔클(Shucle)' 미니버스의 덩치를 키우고, 자율주행 및 병원이나 식당 기능 등을 추가하면 PBV 구현이 가능할 것으로 기대한다.

미래 도심형 항공 모빌리티(UAM, Urban Air Mobility)

개인용 항공기 PAV(Personal Air Vehicle)를 통해 새롭게 구축될 도시 내 단거리 항공 운송 생태계를 의미하는 용어이다. 미국항공우주국(NASA)이 명명하였으며, 모건스탠리에 따르면 PAV를 활용한 UAM 시장 규모가 2040년 1조 5,000억 달러(USD $1500B)에 달할 것으로 전망된다. UAM은 새롭게 태동하는 거대 시장이지만 아직 시장에 절대 강자가 없다 보니, 주요 기업들이 시장을 선점하기 위해 치열한 개발 경쟁을 벌이고 있다. 시장 선점을 위해서는 서로 다른 경쟁우위를 가진 기업, 도시, 정부 기관 간에 전략적 파트너십을 갖추는 것이 필요한데, 드론공유서비스(Sharing Drone Service) 핵심 사업 모델인 임대(Rental) 서비스의 지역별 매장과 연계한다면, 운영 및 정비 등에 상당한 시너지(Synergy) 효과를 기대할 수 있다.

세계경제포럼(WEF, World Economic Forum)

저명한 기업인, 학자, 언론인 등이 모여 세계경제에 관해 논의하는 국제민간회의이다. 1971년 클라우스 슈밥(Klaus Schwab)이 비영리재단 형태로 창설했으며, 스위스 제네바에 본부가 있다. 전 세계 1천 200여 개 이상의 기업이나 단체가 가입하고 있는데 1981년부터는 매년 1~2월 스위스 휴양도시 다보스에서 수천명의 국제 유력인사들이 참가한 가운데 정치, 경제, 문화 등 광범위한 분야에 걸쳐 토론이 전개돼 일명 다보스포럼(Davos Forum)으로 불린다. 매년 국가별 국제 경쟁력을 담은 '세계경쟁력 보고서'를 발간하고 있다.

수직이착륙(VTOL, Vertical Take Off and Landing)

활주로 없이 수직으로 이륙 또는 착륙하는 비행체를 의미하는 용어이다. 일반 고정익 항공기의 경우 활주로가 필요하지만, 드론이나 헬리콥터 등 수직이착륙기는 공중에서 정지하거나 활주로 없이 뜨고 내릴 수 있다.

언택트(Untact), 비대면 서비스

언택트(Untact)'란 접촉을 의미하는 'contact'에 부정의 의미인 'Un'을 합성한 표현으로, 기술의 발전을 통해 접촉 없이 물건을 구매하는 등의 새로운 소비 경향을 말한다. COVID-19 팬데믹을 거치며 2020년 1분기 백화점·대형마트 판매는 감소하고 인터넷과 홈쇼핑·배달 등의 판매액은 대폭 증가했다는 발표가 있었는데, 인터넷 쇼핑몰에서 판매한 제품을 배송하는 택배기사의 경우 고객에게 직접 물건을 전달하기보다는 수령지 문 앞에 물건을 놓고 가는 비대면 배송을 기본으로 하기 시작했다. 소비자의 주소지 문밖에서 벨을 누르는 데서 배송업무가 끝이 나는 것이다. 언택트(Untact) 비대면 서비스가 증가하면서 향후 드론택배 등 사람이 해야 할 일을 기계가 대신하는 경우도 늘어날 전망이다.

온디맨드(On-demand, 수요응답형) 경제

모바일 및 IT 인프라를 통해 소비자의 수요에 즉각적으로 제품 및 서비스를 제공하는 경제활동을 지칭하는 용어이다. IBM CEO이었던 Samuel J. Palmisano가 수요자 중심의 사업을 설명하며 처음으로 언급하였고, 현재는 기술의 진보와 인구구조 및 노동시장의 변화, 소비자 행동 진화에 대응하여 다양한 방식으로 고객의 수요를 충족시키는 비즈니스로 정의할 수 있다. 우버(Uber), 에어비앤비(Airbnb) 등의 서비스가 초기에는 '공유'에 초점을 뒀으나 점차 '수요가 있다면 무엇이든 제공한다'는 온디맨드(On-demand, 수요응답형) 전략으로 바뀌었고 온디맨드(On-demand, 수요응답형) 서비스를 내세운 기업들이 더 늘어나면서 '온디맨드(On-demand, 수요응답형) 경제'가 주목받게 되었다.

임대(Rental) 서비스

이용자에게 정해진 기간 물건을 대여하고 그 대가로 사용료를 받는 서비스를 말한다. 소비자의 구매력 감소, 제품 교체 주기 단축, 인구구조 변화(고령인구 증가, 1인 가구 증가) 등으로 인해 합리적 소비에 기반한 임대 서비스가 확산되고 있다. 드론공유서비스(Sharing Drone Service)는 지역별 매장을 구축하고, 고객이 드론을 직접 구입하지 않더라도 편리하게 임대하여 사용할 수 있도록 임대(Rental) 서비스를 제공한다. 드론 택시, 드론택배 등이 활발히 추진되고 있음을 감안하여 '미래 도심형 항공 모빌리티(UAM, Urban Air Mobility)'의 운영 및 정비업무를 연계 추진한다. '미래 도심형 항공 모빌리티(UAM, Urban Air Mobility)'의 주요 요소인 PAV(Personal Air Vehicle)가 드론 기술을 융합하여 도심에서 수직이착륙(VTOL, Vertical Take Off and Landing) 가능한 특장점을 가졌기에 상당한 시너지(Synergy) 효과를 기대할 수 있다.

임시직 경제(Gig Economy)

임시직 경제(Gig Economy)는 기업들이 필요에 따라 단기 계약직이나 임시직으로 인력을 충원하고 대가를 지불하는 형태의 경제를 의미한다. 노동·지식 서비스 플랫폼에서 많이 나타나며 초기에는 '긱(Gig) 근로자'와 이들을 필요로 하는 서비스 운영자가 협력하지만, 점차 비정규직 증가, 고용의 질 저하, 임금 상승 둔화 등 긱(Gig) 근로자 관련 사회 문제가 증폭되곤 한다.

킬러드론(Killer Drone)

군사용 드론을 비롯하여 살상 무기로 사용되는 드론을 총칭하는 용어이다. 미국의 경우 2001년 9.11테러 이후 본격적으로 군사용 드론을 전장에서 활용하기 시작했고, 정찰 뿐 아니라 직접 미사일을 장착하여 적군을 타격하는 목적으로 운용해 왔다. 실제 2020년 1월 3일, 이라크를 방문한 이란군 사령관 거셈 솔레이마니(Qasem Suleimani)가 바그다드 공항에서 미국의 드론 공격에 암살되었다. 이 당시 사용된 드론이 MQ-9 리퍼(Reaper)인데 비밀 정보원과 통신 감청, 첩보 위성 등을 모두 동원하여 동선을 확인한 후, MQ-9 리퍼(Reaper)를 통해 암살을 실행했다고 한다. 중국의 경우 군사용 드론산업이 상대적으로 늦게 시작되었지만, 2000년대 들어 고성능 군사용 드론을 여러 국가에 수출하고 있다. 가격 경쟁력이 좋아 수출 증가세를 보이고 있는데, 2018년 시장 규모가 약 88억 위안으로 추산된다.

플라잉카(Flying Car)

땅과 하늘에서 모두 달리는 자동차이다. '플라잉카'는 1917년 미국의 글렌 커티스(Glenn Curtiss)가 개발한 오토플레인(Autoplane)을 시초로 보며, 2010년을 전후로 현대적 의미의 플라잉카가 본격적으로 공개되기 시작됐다. 주요 플라잉카 모델들은 인류가 과거부터 상상해온 모습을 재현해 냈지만, 여전히 내연기관 엔진을 사용해 공해를 유발하고, 소음이 크며, 대부분 이륙하기 위해 활주로가 필요하다는 단점을 갖고 있었다. 나름 기술적인 가치는 인정받았으나 도시의 환경오염이나 교통체증, 공간적 제약과 같은 문제들을 해결하기에는 남은 과제가 있다는 지적이다.

플랫폼(Platform)

플랫폼(Platform)은 본래 기차 정거장을 의미하는 용어이지만, 현재는 소비자가 시간과 공간의 제약을 받지 않고 이용하는 스마트폰 앱이나 웹사이트 등을 총칭하는 의미로 사용한다. 플랫폼 비즈니스의 주요 기업을 살펴보면, 전자상거래 플랫폼으로 시작해 다양한 분야로 사업을 확장한 아마존(Amazon), 인터넷 검색엔진을 핵심으로 스트리밍 플랫폼 유튜브(Youtube)와 모바일 플랫폼 안드로이드(Android)에 이르기까지 여러 플랫폼을 장악한 구글(Google), 공유경제의 상징이 된 우버(Uber), 에어비앤비(Airbnb) 등이 있다. 플랫폼 비즈니스가 부상하는 이유는 현재 산업의 주도권을 이들 플랫폼 기업이 쥐고 있기 때문이다. 플랫폼 비즈니스는 사업자가 공급자와 수요자를 중개하는 역할을 수행하는 과정에서 수익을 창출하는데, 확장성이 매우 큰 특징이 있으며, 고도의 운영 전략이 필요하다. 기존 시장과의 충돌 가능성이 존재하여 수요자와 공급자를 유인할 킬러콘텐츠(Killer Contents)나 킬러서비스(Killer Service) 등의 노하우가 필요하다. 비교적 쉽게 시작할 수 있지만, 승자독식 성격이 강해 치열한 경쟁에서 승자로 생존하기 쉽지 않다.

참고문헌

【주요 기관 보고서】

1. 「KTDB Newsletter Vol.31 (2016년 8월)」, 국가교통DB, 2016.09.05.
2. 「개인용항공기(PAV) 기술시장 동향 및 산업환경 분석 보고서」, 한국항공우주연구원, 2019.05.04.
3. 「경기도 공유단체·공유기업 지원 및 활성화 방안」, 경기연구원, 2018.07.12.
4. 「공유경제 개념의 변화와 한국의 공유경제」, KDB미래전략연구소, 2018.11.30.
5. 「공유경제 활성화 방안」, 관계부처 합동, 2019.01.09.
6. 「글로벌 공급과잉과 국내 제조업 대응 방향」, KDB미래전략연구소, 2020.01.13.
7. 「독일 드론 시장동향, KOTRA」, 2019.10.17.
8. 「드론 주요시장 보고서」, KOTRA, 2019.12.19.
9. 「드론사고의 법적 구제에 관한 보험제도」, 『항공우주정책·법학회지』, 2018.06.30.
10. 「드론산업」, 『대한민국정책브리핑』, 2019.12.04.
11. 「드론이야, 헬리콥터야 에어택시」, 과학기술정보통신부, 2019.10.30.
12. 「러시아의 무인항공기 산업 동향과 한-러 협력에 대한 시사점」, 산업연구원, 2020.05.20.
13. 「보잉(Boeing), 코로나19로 풍전등화의 위기에 처하다」, 『KB경영연구소』, 2020.05.13.
14. 「상업용 드론시장의 성장과 보험의 역할」, KB경영연구소, 2018.07.11.
15. 「제3차 항공정책기본계획 확정고시」, 국토교통부(항공정책과), 2019.12.31.
16. 「중국 공유 자전거 업체들의 몰락이 주는 교훈, KB경영연구소」, 2019.11.04.
17. 「코로나19가 IT산업과 사회 경제에 미치는 영향」, KT경제경영연구소, 2020.05.06.
18. 「코로나19의 주요 제조업에 대한 영향과 대응방안」, 산업연구원, 2020.04.23.
19. 「플랫폼 비즈니스의 성공 전략」, 삼정KPMG 경제연구원, 2019.11.21.
20. 「하늘 위에 펼쳐지는 모빌리티 혁명, 도심 항공 모빌리티(UAM)」, 『삼정KPMG(2020년 1월호)』, 2020.01.03.
21. 「UN, 2020년 세계 경제 성장률은 전년대비 3.2% 하락 전망 등」, 국제금융센터, 2020.05.14.

【주요 언론 기사】

1. 「(IT핫테크) 佛 패롯, 미국 군용 드론 개발한다」, 『전자신문』, 2019.06.02.
2. 「(What)닌자폭탄 탑재 '핀셋공격'… 스텔스機+벌떼드론 '대량폭격' 곧 현실화」, 『문화일보』, 2020.01.30.
3. 「(사이언스샷) 코로나 거리두기 드론·로봇이 감시한다」, 『조선일보』, 2020.05.12.
4. 「(사이언스카페) 의약품까지 '칼배송'… 뻗어나가는 드론 택배」, 『조선일보』, 2020.04.20.
5. 「(택시 면허 늘리는 카카오모빌리티) 규제 반사이익 챙기며 '택시왕'으로 변모?」, 『이코노미스트』, 2019.12.09.
6. 「[4차 산업혁명 이야기] 코로나19 대감염으로 앞당겨진 디지털 전환」, 『한국경제』, 2020.05.11.
7. 「[G-Military] 러시아의 자살폭탄 드론 '란쩨뜨'… 지상 표적의 사신(死神)」, 『글로벌이코노믹』, 2019.06.28.
8. 「[G-Military] 중국의 가공할 드론 전력…CH-4, CH-7,GJ-2 등 10여개국에 수출」, 『글로벌이코노믹』, 2020.01.11.
9. 「강남서 인천공항까지 드론택시로 10분'…이동수단 미래를 보다」, 『한국경제』, 2019.11.08.
10. 「'타다'의 좌절…화려한 등장에서 중단까지」, 『아시아경제』, 2020.03.05.
11. 「하나투어의 굴욕'…코로나 쇼크에 가장 먼저 침몰한다고」, 『매일경제』, 2020.05.11.
12. 「"인구 천명당 택시 가장 많은 한국"…갈길 먼 '모빌리티 혁신'」, 『news1』, 2020.03.19.
13. 「"하늘 위 中드론, 언제든 스파이 돌변…" 美 극약처방 꺼냈다」, 『중앙일보』, 2020.01.26.
14. 「100년보다 더 오래된 드론 공격의 역사(인터랙티브)」, 『서울경제』, 2019.09.18.
15. 「17년만에 최악…현대차 해외판매 10만대 붕괴됐다」, 『매일경제』, 2020.05.06.
16. 「1일부터 일상 속 드론시대 개막-드론법 시행 통해 전방위 육성」, 국토교통부(첨단항공과), 2020.05.01.
17. 「2016년 다보스 포럼의 주요 내용과 시사점」, 현대경제연구원, 2016.01.19.
18. 「2019년 한국 자동차 생산 세계 7위…전 세계 완성차 전년 대비 4.9% 감소」, 『매일경제』, 2020.02.17.
19. 「2020 비즈니스 트렌드」, 우리금융경영연구소, 2019.12.27.
20. 「4대 신산업분야 산업기술인력 수요전망」, 산업통상자원부, 2020.04.20.
21. 「5G 활용 드론 운영·기술개발 등 혁신적 무인이동체 기술개발에 내년 269억 원 투

자」, 과학기술정보통신부, 2019.12.30.
22. 「60대 최대 관심사는 '일자리'… 20대 여성은 'CCTV'」, 『동아일보』, 2020.02.19.
23. 「ILO "코로나19로 일자리 2,500만 개 사라질 것" 전망」, 『중앙일보』, 2020.03.19.
24. 「대기업 진입 막았더니…中에 안방 내준 韓 드론 시장」, 『머니투데이』, 2019.12.18.
26. 「뒤에는 눈이 없는 자율주행차 뒤따르던 차와 충돌 많았다」, 『중앙일보』, 2020.02.29.
27. 「런던 이어 독일서도 멈춰선 우버…택시기사 뿔났다」, 『머니투데이』, 2019.12.21.
28. 「로봇이 순찰하고, 드론이 미아 찾는다더니…1년째 감감」, 『매일경제』, 2020.04.20.
29. 「모빌리티가 도대체 뭐야」, 『한국경제』, 2019.01.15.
30. 「美 잔인한 4월, 2050만 명이 실업자 됐다…대공황 이후 최악」, 『중앙일보』, 2020.05.08.
31. 「美, MQ-9 리퍼 동원 이란 군부실세 제거…'드론전쟁시대' 열리나」, 『한국경제』, 2020.01.05.
32. 「바퀴 빠진 공유 자전거 '오포'」, 『조선일보』, 2018.12.19.
33. 「봉쇄 조치 완화했더니…중국·독일 '2차 대유행' 불안감」, 『경향신문』, 2020.05.11.
34. 「유럽선 15억 '하늘 나는 차'…보험 내놓은 일본, 갈 길 먼 한국」, 『중앙일보』, 2020.01.07.
35. 「임시해고를 정식해고로...실업, 2차 파도가 몰려온다」, 『파이낸셜뉴스』, 2020.05.04.
36. 「차량공유업 '우버'도 세계 곳곳 갈등…중국 '디디추싱'은 택시업계와 협업」, 『한겨레』, 2019.10.30.
37. 「측량·농약살포·택배 넘어…드론이 사람도 실어나른다」, 『중앙일보』, 2019.09.21.
38. 「카풀 사회적대타협기구 출범…택시업계 참여로 논란 잠재우나」, SBS CNBC, 2019.01.21.
39. 「코로나 3개월 더 가면 부산 제조업 1/3 한계기업 전락 우려」, 『파이낸셜뉴스』, 2020.05.12.
40. 「코로나 新경제냉전… 미국은 공장 빼고, 중국은 돈 뺀다」, 『조선일보』, 2020.05.14.
41. 「코로나19가 휩쓴 중국, 상품배달용 드론 수요 '급증'」, 『물류신문』, 2020.03.09.
42. 「코로나에 무너지는 '공유경제'…우버 등 감원 칼바람(종합)」, 『이데일리』, 2020.05.07.
43. 「한강수상택시 하루 평균 이용자 달랑 5명」, 『헤럴드경제』, 2019.10.17.
44. 「휘어버린 '경제 허리'…40대 취업 28년 만에 최악[뉴스 투데이]」, 『세계일보』, 2020.01.15.
45. 공유허브 (sharehub.kr)
46. 「MQ-9 리퍼, 위키백과」, 2020.01.06.

【서적】

1. Lawrence Lessig, 『Remix : Making Art and Commerce Thrive in the Hybrid Economy』, Penguin Press, 2009.

2. Martin Wietzman, 『The Share Economy』, Harvard University Press, 1984
3. 제러미 리프킨/안진환 역, 『한계비용 제로 사회 - 사물인터넷과 공유경제의 부상』, 민음사, 2014.09.

저자 주요 약력

한대희 (Kevin, Han)

現) 한국드론조종사협회(KADP) 회장
現) 한국드론조종사협동조합(KFDP) 이사장
現) [한대희 칼럼] 다수 연재
現) 호서대학교 등 출강

前) ㈜LG유통 정보서비스부문/인터넷사업부
前) ㈜CBSi 인터넷쇼핑몰(CBSimall) 팀장
前) 한국파스너공업협동조합 상근이사

드론공유서비스

발 행 일	2020년 7월 15일 초판 1쇄 발행
저 자	한대희
발 행 처	
발 행 인	이상원
신고번호	제 300-2007-143호
주 소	서울시 종로구 율곡로13길 21
대표전화	1566-5937, 080-850-5937
팩 스	02) 743-2688
홈페이지	www.crownbook.com
I S B N	978-89-406-4270-2 / 03320

특별판매정가 14,000원

이 도서의 판권은 크라운출판사에 있으며, 수록된 내용은
무단으로 복제, 변형하여 사용할 수 없습니다.

Copyright CROWN, ⓒ 2020 Printed in Korea